각도와 비례를 알면 나도 마술사

글 황덕창 | 그림 유영근

차례

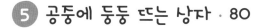

책머리에

아무것도 없는 손에서 카드가 끊임없이 나오고, 상자에 들어간 사람이 감쪽같이 사라집니다. 커다란 자유의 여신상을 순식간에 없애고, 만리장성을 뚫고 나가는 등 마술이 보여 주는 상상력의 세계는 끝이 없습니다. 많은 사람들은 눈앞에서 벌어지는 놀라운 마술을 보고 감탄합니다. 하지만 한편으로는 이런 생각을 하지요.

"분명히 눈속임일 텐데, 도대체 어떤 트릭을 쓴 걸까?"

마술은 기발한 트릭을 이용해 사람들을 즐겁게 만드는 멋진 쇼이자 예술입니다. 그렇다면 우리를 놀라게 하는 그런 멋진 트릭은 과연 어떻게 만들어질까요?

우리나라를 대표하는 마술사 중 한 명인 최현우 씨는 마술을 위

6

해서는 철학, 수학, 과학, 심리학, 예술 등 다양한 분야를 공부해야 한다고 이야기합니다. 그는 한 인터뷰에서 "마술과 과학은 경계선이 없다"라고 말하기도 했습니다. 다른 마술사들 역시 입을 모아 '마술은 과학'이라고 이야기합니다.

정말로 마술에 과학과 수학이 들어 있다면, 반대로 마술을 통해서 과학과 수학의 원리를 배우는 것도 가능하지 않을까요? 이 책에서는 마술사를 꿈꾸는 세리와 마술사 마지선이 함께 마술 쇼를 만들어 갑니다. 마술에 숨어 있는 과학과 수학 개념을 배우면서 세리는 따분하고 머리 아프기만 했던 과학과 수학을 마술처럼 재미있고 쉽게 이해할 수 있게 됩니다. 이 책을 통해 여러분도 세리처럼 재미있고 놀라운 경험을 할 수 있기를 바랍니다.

이 책에서는 마술 트릭이 어떻게 만들어지는지, 그 속에 어떤 과학과 수학 원리가 자리 잡고 있는지를 직접 만나 볼 수 있습니다. 여러분이 과학과 수학에 더 많은 흥미와 관심을 가진다면, 언젠가 나만의 마술 트릭을 만들 수도 있고 사람들을 깜짝 놀라게 하는 마술사가 될 수도 있을 것입니다.

신기하고 재미있는 마술의 세계로 떠날 준비가 되셨나요?

그럼 출발합니다.

네리

수학과 과학을 싫어하는 열세 살. 특히 수학 이야기에는 한숨부터 나온다. 마술 쇼를 보러 갔다가 우연한 기회에 마지선에게 마술을 배우고 그녀를 도와 마술 쇼를 하게 된다.

마지선

한국은 물론 세계적으로도
유명한 마술사. 우연히 세리를
만나 함께 어린이를 위한 새로운
마술 쇼를 만든다.

오주

마술사 마지선의 조수.
지각을 밥 먹듯이 하고 틈만 나면
바깥에 나갈 궁리를 하는지라
마지선의 속을 단단히 썩인다.

프롤로그

"우와! 드디어 마술 쇼를 보러 가네요!"

"세리가 아주 신났구나. 그렇게 보고 싶었어?"

"당연하죠, 아빠!"

오늘은 세리가 무척 기다려 온 날이었다. 그동안 텔레비전에서
만 봤던 멋진 마술을 바로 눈앞에서 직접 볼 수 있기 때문이다.

"그런데 세리야, 너 숙제는 다 한 거니?"

"네? 네, 그, 그럼요, 엄마. 숙제 다 했어요."

세리가 당황해서 말을 더듬자 엄마는 세리를 추궁했다.

"세리야, 솔직히 말해. 아직 다 못 했지?"

"그게……."

각도와 비례를 알면 나도 마술사

"마술 쇼를 보러 가기 전까지 숙제를 모두 끝마치기로 한 약속을 지키지 않았으니 마술 쇼 보러 가는 건 없던 일이 되어야겠지?"

"정말 다른 숙제는 다 했어요. 그런데 수학 숙제가 너무 어려워요."

울상이 된 세리와 엄마 사이에 아빠가 끼어들었다.

"세리가 열심히 했는데도 다 못 한 거니까 이번에는 이해해 줍시다. 세리야, 남은 숙제는 마술 쇼 보고 와서 아빠랑 같이 하자."

"네! 아빠, 고마워요!"

세리의 얼굴이 금세 밝아졌다.

공연장은 한국은 물론 해외에서도 큰 인기를 얻고 있는 마술사 마지선의 마술을 보기 위해 온 수많은 사람으로 가득 차 있었다. 신기하고 환상적인 마술이 펼쳐질 때마다 사람들은 커다란 함성과 박수를 쏟아 냈다.

"오늘 마술 쇼를 찾아주신 관객분들께 진심으로 감사드립니다. 그럼 여러분 모두 행복한 밤 보내세요!"

멋진 마술 쇼가 끝난 뒤, 마지선은 관객들에게 박수갈채를 받으며 마지막 인사를 했다. 그때, 갑자기 무대 양옆에서 연기가 뿜어져 나오기 시작했다.

"으악! 저 연기는 뭐지? 불났나?"

아빠는 껄껄 웃으면서 세리를 다독였다.

"저건 불이 아니라 드라이아이스야."

"드라이아이스요?"

"일반적인 얼음보다 훨씬 차가운 얼음인데 상온에 두면 저렇게 연기를 내뿜거든. 그래서 무대에서 연기 효과를 낼 때 많이 쓴단다. 어? 잠깐, 저것 좀 봐!"

마지선이 드라이아이스 연기에 휩싸인 채 마술봉을 휘둘렀다. 그러자 순식간에 마지선은 사라지고 그녀가 걸치고 있던 망토만이 펄럭펄럭 바닥으로 떨어졌다. 마지막까지 마술사다운 퇴장에

각도와 비례를 알면 나도 마술사

사람들은 다시 한번 환호성을 지르며 아낌없는 박수를 보냈다.

세리가 아빠에게 물었다.

"아빠, 아까 드라이…… 뭐였더라?"

"드라이아이스 말이니?"

"네, 그게 연기가 나는 얼음인 거예요?"

"정확히 말하면 드라이아이스는 얼음이 아니야. 얼음은 물로 만들지만 드라이아이스는 이산화탄소로 만들거든."

"이산화탄소요?"

"콜라나 사이다 같은 탄산음료에 들어 있는 뽀글뽀글 거품이 나면서 톡 쏘는 가스 말이야. 그게 이산화탄소가 물속에 녹아 있다가 다시 기체로 빠져나오는 거란다. 너 혹시 아빠랑 캠핑 갔을 때 기억나니? 아이스박스 안에 얼음 같은 게 들어 있었는데."

"아! 아빠가 얼음보다 훨씬 차가운 거니까 절대로 만지지 말라고 했잖아요."

"맞아. 그래서 드라이아이스는 맨손으로 만지면 손이 꽁꽁 얼어서 큰일 난단다."

"그런데 드라이아이스는 녹으면 왜 연기가 돼요? 얼음은 녹아

서 물이 되는데."

"글쎄…… 너무 차가워서 그런 게 아닐까?"

세리는 갑자기 배가 살살 아파 왔다.

"아빠, 나 화장실."

"그래, 다녀와. 엄마랑 아빠는 여기에 있을게."

가까운 화장실에는 마술 쇼를 보고 나온 사람들이 길게 줄을 서 있었다.

세리는 황급히 다른 화장실을 찾아 헤맸다. 그러다가 세리는 사람이 잘 다니지 않는 복도 안쪽에 있는 작은 화장실을 발견하고 부리나케 뛰어 들어갔다.

'휴, 다행이야. 아빠, 엄마가 기다릴 텐데 빨리 가야겠어.'

볼일을 마치고 손을 씻고 있는데 세리의 뒤에서 덜그럭거리는 소리가 났다. 그러더니 아무도 없는 줄 알았던 칸에서 누군가가 나왔다.

무심코 거울을 본 세리는 깜짝 놀랐다. 세리의 뒤에는 바로 마술사 마지선이 서 있었다. 마지선은 마술 쇼에서 봤던 옷차림 그대로였다. 세리가 놀라서 소리쳤다.

"어머, 마지선 언니!"

마지선은 잠시 당황하는 듯했지만 이내 빙긋 웃음을 지었다.

"마술 쇼 보러 왔나 보구나. 어때, 재미있었니?"

각도와 비례를 알면 나도 마술사

"그럼요! 언니는 정말 최고예요! 정말 정말 멋졌어요. 저도 언니 같은 마술사가 되고 싶어요!"

"하하하. 그래? 고마워! 네 이름이……."

"저는 세리예요."

"그래, 고마워, 세리야!"

"언니처럼 멋진 마술사가 되려면 무얼 해야 하나요?"

"음……. 수학이랑 과학?"

마지선은 뜻밖의 대답을 내놓았다.

그 말을 들은 세리의 얼굴이 하얗게 질렸다.

"네? 수학이랑…… 과학이요? 마술을 하는데요?"

마지선은 웃으면서 고개를 끄덕였다.

"그럼! 그게 마술에서 얼마나 중요한데."

마지선은 주머니에서 천 원짜리 지폐를 꺼내더니 길게 반으로 접어 양 끝을 손으로 잡았다. 그런 다음 한쪽 끝을 엄지 위에 올려놓고 다른 쪽 끝을 잡고 있던 손을 조심스럽게 뗐다. 그러자 지폐는 놀랍게도 한쪽 끝이 엄지 위에 놓인 채 그대로 떠 있었다. 세리는 눈이 휘둥그레졌다.

"봤지? 이런 간단한 마술도 과학과 수학으로 하는 거란다."

"그, 그렇구나. 그런데 어떤 원리로……."

"글쎄? 마술사는 그런 걸 쉽게 가르쳐 주지 않아. 어떤 원리일까? 잘 생각해 봐. 나는 방송 인터뷰하러 가야 해서 이만."

"언니, 질문이 있어요!"

세리가 갑자기 뭔가 생각났다는 듯이 외쳤다.

"나 빨리 가야 되는데……. 뭔데?"

"드라이아이스는 왜 녹아서 물이 되지 않고 연기가 되는 거예요? 아빠도 모르겠대요. 언니는 수학이랑 과학을 잘하니까 알죠?"

"하하하, 지금은 시간이 없어서 자세히 설명을 못 할 것 같네. '승화'라는 걸 한번 찾아보면 도움이 될 거야. 세리야, 그럼 다음에 또 마술 보러 와!"

마지선은 세리와 악수를 한 뒤 서둘러 화장실을 빠져나갔다.

'마, 마지선 언니하고 악수를 했어. 게다가 나한테 마술까지 보여 줬어! 혹시 내가 꿈을 꾸고 있나? 아니면 마술? 앗! 엄마, 아빠가 기다릴 거야.'

세리는 황급히 공연장 복도로 갔다. 부모님이 세리를 초조하게 기다리고 있었다.

"너! 어디에 갔다 온 거야? 화장실 간다더니!"

각도와 비례를 알면 나도 마술사

드라이아이스

이산화탄소를 냉각시킨 고체 이산화탄소를 드라이아이스라고 부릅니다. 공기 중에 두면 액체가 되지 않고 기체로 변합니다. 온도가 매우 낮기 때문에 냉동식품을 보관할 때 사용합니다. 또 고체에서 기체로 변하는 성질 때문에 영화, 연극, 마술 등에서 안개와 같은 효과를 낼 때에도 사용합니다.

엄마가 세리에게 화를 냈다. 그러나 세리는 신이 나서 팔을 휘저으며 말했다.

"엄마! 저 마지선 언니랑 만났어요!"

"뭐라고?"

"가까운 화장실은 줄이 너무 길어서 복도 안쪽에 있는 화장실에 갔거든요. 거기서 마지선 언니를 만났어요. 악수도 했다니까요? 그리고 언니가 마술도 보여 줬어요!"

"어머, 그게 정말이야?"

"그런데 엄마, 아빠! 마술하고 수학이랑 과학이 무슨 관계가 있는 거예요?"

"마술하고 수학, 과학? 그게 무슨 소리니?"

"마지선 언니처럼 멋진 마술사가 되려면 어떻게 해야 하냐고 물었더니 수학하고 과학을 잘해야 한댔어요."

아빠가 재미있다는 듯이 빙긋 웃었다.

"그래? 나도 잘 모르겠구나. 그런데 어쩌지? 세리는 수학이라면 질색을 하니까, 마지선 언니 같은 멋진 마술사가 되기는 어렵겠는데?"

엄마도 옆에서 한마디 거들었다.

"그러게. 세리가 멋진 마술사가 되려면 빨리 집에 가서 아까 다 못 끝낸 수학 숙제를 해야겠는걸?"

각도와 비례를 알면 나도 마술사

1

첫 번째 마술의
비밀을 풀다

'어떻게 지폐가 손가락 위에서 떨어지지 않지? 수학과 과학이라고? 도대체 무슨 원리일까?'

세리는 며칠째 그날 보았던 마술의 원리를 생각해 봤지만 도무지 알 수 없었다. 세리는 마지선이 했던 것처럼 지폐를 길게 반으로 접은 다음 그 가운데를 손가락 위에 올려놓았다.

'이렇게 가운데를 손가락 위에 올려놓으면 지폐는 떨어지지 않아. 무게 중심이 가운데에 있어서 왼쪽과 오른쪽의 무게가 비슷하거든. 하지만 마지선 언니처럼 지폐 한쪽 끝을 손가락 위에 놓으면 반대편이 훨씬 무거우니까 그냥 떨어지는걸.'

방에서 마술의 원리를 고민하던 세리는 바깥으로 나갔다.

　놀이터에는 키가 크고 덩치가 큰 아이와 키가 작고 왜소한 체구의 아이가 시소를 타며 놀고 있었다. 그런데 시소가 덩치 큰 아이쪽으로 기울어 움직이지 않았다. 반대편에 앉은 작은 아이가 낑낑거리면서 힘을 주어도 시소는 흔들리기만 할 뿐 반대로 기울지 않았다. 보다 못한 세리가 덩치 큰 아이에게 말했다.

　"무게 차이가 나서 한쪽으로 자꾸 기우는 거야. 네가 좀 더 앞쪽에 앉아 봐."

　그때 세리의 머릿속에 뭔가가 확 떠올랐다.

각도와 비례를 알면 나도 마술사

'그렇지. 한쪽이 더 무거우면 무게 중심은 무거운 쪽으로 옮겨 오지. 어쩌면 마지선 언니도 그걸 이용하지 않았을까? 반으로 접은 지폐 안에 뭔가 무게 있는 걸 넣으면?'

세리는 곧장 집으로 돌아가 지폐를 꺼냈다. 안에다 뭘 넣으면 좋을지 생각하다가 마술사들이 동전을 즐겨 쓴다는 사실을 생각해 냈다. 세리는 지폐 왼쪽 끝에 십 원짜리 동전을 놓고 조심스럽게 무게 중심을 잡아 보았다. 그랬더니 마지선이 했던 것처럼 지폐는 손가락 위에 떠 있는 모습이 되었다.

"이거야! 왼쪽 끝에 동전을 놓으니까 무게 중심이 왼쪽으로 움직여서 지폐가 떠 있는 것처럼 보인 거야."

세리는 신이 나서 방을 깡충깡충 뛰어다녔다. 세리는 마지선에게 자신이 마술의 비밀을 풀었다는 사실을 알려 주고 싶어 이메일을 썼다.

마지선 언니, 안녕하세요?
저는 세리라고 해요. 지난 일요일에 마술 쇼가 끝나고 화장실에서 만났는데 기억하시나요? 그때도 얘기했지만 마술 쇼는 정말 재미있고 멋있어요. 저도 언니처럼 멋진 마술사가 되고 싶은데, 언니가 마술사가 되려면 수학이랑 과학을 잘해야 한다고 했잖아요. 그런데 저는 수학을 못해요. 정말 너무 어렵고 생각만 해도 머리가 아파요. 그래도 언니 같은 마술사가 되려면 열심히 해야겠죠? 저 오늘부터라도 힘들지만 열심히 할 거예요.

그런데 그때 저한테 보여 준 마술 있잖아요. 비밀을 풀었어요! 제가 모르는 사이에 반으로 접은 지폐 안에 동전 같은 걸 넣은 거죠? 그래서 동전의 무게 때문에 엄지 위에 올려놓은 지폐가 떨어지지 않은 거고요.

다음에도 또 언니 마술을 보고 싶어요. 또 보러 갈게요!

세리가

다음 날 세리는 메일함을 확인하고 깜짝 놀랐다. 어쩌면 마지선이 메일을 읽지 않을 수도 있다고 생각했는데 마지선에게 답장이 와 있었다.

세리에게.

어머! 비밀을 풀었네? 축하해!

이거 재미있는걸? 그럼 문제 하나 더 풀어 볼래?

꼬마 마술사님, 메일에 붙여 놓은 동영상을 잘 보세요.

아, 참! '승화'가 뭔지는 찾아봤니?

마지선

각도와 비례를 알면 나도 마술사

"아차, 승화."

세리는 인터넷으로 승화에 대해 찾아보았다. **승화는 고체가 곧바로 기체로 변화하는 현상**이었다. 이산화탄소는 어는점이 대략 영하 78℃로 엄청나게 낮았다. 그래서 드라이아이스를 상온에 두면 기온이 어는점보다 훨씬 높아서 곧바로 기체가 되어 버렸다.

"드라이아이스에서 나오는 연기는 이산화탄소가 승화돼서 나오는 연기구나. 그나저나 마지선 언니가 보내 준 동영상에는 뭐가 있을까?"

동영상 속에서 마지선은 세리가 비밀을 풀어 낸 마술을 다시 보여 주었다. 마지선은 지폐를 접어서 한쪽 끝을 왼쪽 손가락에 올려놓고 오른손을 떼었다. 지폐는 그녀의 왼쪽 손가락 끝에서 떨어지지 않고 떠 있었다. 그 상태에서 마지선은 또 다른 동전을 하나 꺼내 오른쪽 끝에 올려놓았다. 그러자 지폐는 오른쪽으로 기우뚱하더니 바닥으로 떨어졌다. 동영상 속 마지선이 말했다.

"자, 왼쪽 끝에 올린 동전은 1.4g, 오른쪽 끝에 올린 동전은 2.1g이야. 지폐를 떨어뜨리지 않고 손가락 위에 놓으려면, 지폐의 어디쯤을 손가락으로 받쳐야 할까? 힌트! 거리와 무게를 곱한 값이 왼쪽과 오른쪽 모두 똑같으면 되는 거야. 그럼 답 기다릴게!"

세리는 머리가 지끈지끈 아파 왔다. 그러다가 문득 학교에서 했던 '수평 잡기' 실험이 생각났다. 시소에서 힌트를 얻었던 첫 번째

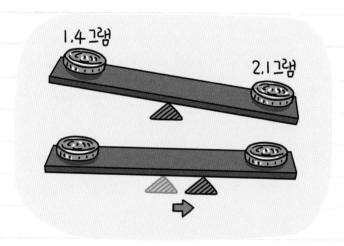

수평을 잡으려면 받침점을 무거운 동전 쪽으로 옮겨야 한다.

마술처럼 이번에는 수평 잡기 실험을 잘 생각해 보면 문제를 풀 수
있을 것 같았다.

세리는 학교에서 실험할 때 썼던 나무판자를 떠올렸다. 아무것
도 올려 두지 않은 나무판자가 수평이 되는 곳에 받침점이 있을 때
양쪽에 각각 1.4g 동전과 2.1g 동전을 올려놓으면 판자는 더 무거
운 동전이 있는 쪽으로 기울어질 것이다. 두 동전 사이에 수평을
맞추려면 가벼운 쪽에 무언가를 더 올려서 무게를 똑같이 맞춰야
했다. 만약 다른 물건을 더하지 않고 수평을 잡으려면 받침점을 무
거운 동전 쪽으로 옮기는 방법을 써야 했다.

'문제는…… 도대체 오른쪽으로 얼마만큼 옮겨야 하는 거지?'

세리는 학교에 가서 도구를 빌려 실험해 볼까 생각했지만 무게

각도와 비례를 알면 나도 마술사

가 1.4g과 2.1g인 물체를 구하는 것도 어려울 것 같았다.

'으으, 이건 그야말로 수학 문제잖아.'

세리는 마지선이 준 힌트대로 노트에 식을 적고 열심히 머리를 쥐어짜 보았다.

1.4×(왼쪽 끝에서 손가락까지의 거리)
= 2.1×(오른쪽 끝에서 손가락까지의 거리)

'왼쪽 끝에서 손가락까지의 거리를 x라고 하고 오른쪽 끝에서 손가락까지의 거리를 y라고 하면, x와 y를 더한 값은 지폐 전체의 길이가 되어야 해. 이때 지폐 전체의 길이를 1이라고 하면, x와 y는 분수가 될 거야.'

$$\begin{cases} 1.4 \times x = 2.1 \times y \\ x + y = 1 \end{cases}$$

이 두 가지 식을 만족하는 x와 y를 찾아야 하는데, 세리는 어떻게 계산해야 할지 떠오르지 않았다.

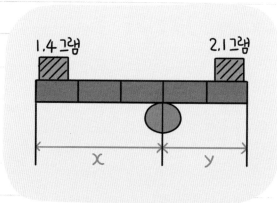

"으으, 잠깐 텔레비전이라도 볼까?"

세리는 거실로 나와서 텔레비전을 켰다. 마침 어린이를 위한 수학 교육 놀이 프로그램이 방영되고 있었다.

"5×4=20, 5×5=25."

구구단 외우기가 나오자 세리는 확 짜증이 났다.

"7×1=7, 7×2=14, 7×3=21, 7×4=28……."

세리는 채널을 돌리려다가 그대로 멈췄다. 마술의 비밀을 알아내려고 노트에 적었던 식이 떠올랐기 때문이다.

'1.4g 동전과 2.1g 동전……. 그럼 두 동전의 무게는 7을 공약수로 가지고 있는 거잖아?'

이런! 세리는 소수인 1.4와 2.1의 공약수를 미처 생각하지 못하고 있었다. 1.4를 7로 나누면 0.2가 되고, 2.1을 7로 나누면 0.3이

각도와 비례를 알면 나도 마술사

된다. 즉, 두 동전의 무게는 0.2 : 0.3이라는 비례 관계를 가지고 있고, 양쪽에 각각 10을 곱하면 2 : 3이라는 자연수 비례가 된다. 이는 다음과 같이 간단한 식으로 바꿀 수 있다.

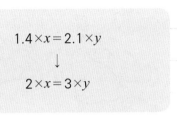

$$1.4 \times x = 2.1 \times y$$
$$\downarrow$$
$$2 \times x = 3 \times y$$

세리는 머릿속이 환하게 밝아지는 느낌이 들었다.

'맞아! 이건 비례 배분이야, 비례 배분!'

x와 y는 3 : 2의 비례 관계를 가지지면서 합이 1이 되는 수이다. 그러므로 3과 2의 합인 5를 x와 y가 3 : 2의 비율로 나눠 가지면 되는 것이다. 그래서 전체를 5등분했을 때 x는 5분의 3, y는 5분의 2가 되면 딱 맞아떨어졌다.

다시 말해 지폐의 왼쪽 끝에는 1.4g짜리 동전을, 오른쪽 끝에는 2.1g짜리 동전을 올려놓는다고 할 때, 지폐 왼쪽으로부터 5분의 3, 오른쪽으로부터 5분의 2인 지점을 손가락으로 받치면 지폐는 한쪽으로 쓰러지지 않고 균형을 잡는 것이다.

"우와! 내가 문제를 풀었어, 그것도 수학 문제를! 신난다! 마지선

언니한테 빨리 알려 줘야지!"

세리는 기뻐서 방 안을 뛰어다녔다.

마술 퀴즈 1

> 지폐를 받친 손가락의 위치가 1.4g 동전과
> 1.2g 동전이 수평을 이루는 위치와 똑같을 때,
> 왼쪽 동전이 1.2g이라면 오른쪽 동전은 몇 g이어야
> 수평을 잡을 수 있을까요?

각도와 비례를 알면 나도 마술사

2

뜻밖의 제안

다음 날, 세리의 메일함에는 마지선이 보낸 메일이 있었다.

축하해! 멋지게 문제를 풀었네? 수학을 못한다는 말은 거짓말 같은걸?

음, 사실은 세리에게 이야기하고 싶은 게 있어. 나는 요즘 어린이들을 위한 마술을 준비하고 있거든. 어린이들이 수학이나 과학을 조금 더 재미있게 배울 수 있는 마술 쇼를 해 보려고 해. 세리가 문제를 풀고 기뻐하는 걸 보니 정말로 어린이를 위한 마술 쇼를 만들어 보고 싶어지네.

그래서 말인데, 나를 좀 도와주지 않을래? 세리가 도와주면 정말로 어린이 친구들에게 딱 맞는 공연을 만들 수 있을 것 같아. 곧 방학인데 별다른 계획이 없다면 내 일을 도와주면 어떨까? 물론, 일을 잘 도와주면 그 보답

29

은 꼭 할게. 그럼 답장 기다릴게!

참! 부모님께는 말해야겠지만 당분간은 친구들에게 이야기하지 말아
줘. 이건 우리만의 비밀이야, 알았지?

마지선

헉! 세리는 놀라 벌어진 입을 다물지 못했다. 문제를 풀었으니 칭찬을 들을 수 있지 않을까 기대했지만, 마술 쇼를 만드는 일을 도와 달라는 마지선의 말은 뜻밖이었다.

세리는 이번 방학 동안 미국에 있는 삼촌 댁에 다녀올 계획이었다. 미국은 한 번도 가 본 적이 없기 때문에 세리는 이번 방학을 정말 기대하고 있었다. 하지만 만약 마지선의 일을 돕는다면 미국행은 포기해야 했다.

'미국에 가는 건 다음번에도 기회가 있을 거야. 이번이 아니면 또 언제 마지선 언니의 일을 도울 수 있겠어? 아쉽지만 미국은 다음으로 미루자.'

세리는 부모님에게 마지선의 메일을 보여 주면서 그동안 그녀와 있었던 일을 이야기했다. 세리의 부모님은 깜짝 놀랐다.

아빠가 슬며시 웃으면서 말했다.

"그래도 세리가 큰 결정을 했네. 미국에 가는 것까지 포기하고

마술사 언니의 일을 돕겠다니.”

　엄마도 옆에서 거들었다.

　“이야기를 들어 보니 왠지 세리가 방학 동안 마술사 언니한테 많이 배울 것 같은데? 벌써 어려운 수학 문제까지 풀고. 이러다가 방학이 끝나면 수학 천재가 되는 거 아니야?”

　“엄마! 아까 어려운 문제를 풀었더니 아직도 머리가 욱신거려요. 맛있는 저녁 만들어 주세요.”

　그날 저녁, 세리는 맛있는 불고기를 마음껏 먹을 수 있었다. 저녁을 먹고 난 뒤 세리는 마지선에게 이번 방학 때 꼭 일을 돕고 싶다는 메일을 보냈다. 다음 날 마지선에게서 바로 답장이 왔다. 마지선은 세리에게 토요일에 약속 장소로 오면 사무실 위치를 문자로 알려 주겠다고 했다.

며칠 뒤, 세리는 약속 장소인 큰 빌딩 앞으로 나갔다.

'그냥 처음부터 알려 주지. 왜 문자로 따로 알려 준다는 걸까?'

그때 세리의 스마트폰에 문자메시지가 도착했다.

자, 내 사무실은 몇 호실일까?

1. 마술 쇼를 하러 가는데, 그제는 120km 떨어진 곳을 자동차로 두 시간 만에 갔고, 어제는 210km 떨어진 곳을 기차로 세 시간 만에 갔어. 자동차와 기차 중 더 빠른 방법으로 서울에서 350km 떨어진 목포까지 간다고 할 때, 몇 시간 만에 갈 수 있을까?

2. 나는 외국으로도 공연을 자주 나가다 보니 거기에서 사용할 돈을 한국에서 바꿔서 가져가야 해. 곧 미국에 공연을 하러 갈 건데, 미국 돈으로 1500달러 정도를 가지고 가야 하거든. 요즘 미국 돈 1달러는 한국 돈으로 1100.25원이야. 만 원짜리 지폐만 가지고 돈을 바꾸러 은행에 간다면 나는 몇 장을 가지고 가야 할까?

1번과 2번 문제의 답을 곱하면 내 사무실이 몇 호인지 나올 거야!

그럼 기다리고 있을게. 너무 오래 기다리게 하면 안 돼!

각도와 비례를 알면 나도 마술사

환율

서로 다른 나라의 돈을 맞바꿀 때의 비율을 '환율'이라고 합니다. 예를 들어, 미국 돈 1달러를 한국 돈으로 바꾸면 얼마인지를 나타내는 것은 '원-달러 환율'이라고 합니다. 시장에서 물건을 사고팔듯이 여러 나라의 돈도 '외환시장'에서 사고팔 수 있습니다. 물건을 사려는 사람이 많으면 값이 오르는 것처럼 외국에서 사려는 사람이 많은 돈은 값이 오르고, 반대로 사려는 사람이 적은 돈은 값이 떨어집니다. 그래서 환율은 하루에도 수십 번씩 바뀐답니다.

'으……. 이걸 또 문제로 내다니. 정말 너무해.'

졸지에 빌딩 앞에서 수학 문제를 풀게 된 세리는 생각에 잠겼다.

'120km를 두 시간 만에? 그럼 자동차는 한 시간에 60km를 가네? 210km를 세 시간 만에 가는 기차는 한 시간에 70km를 가는 거고. 그럼 기차가 더 빠른 거야. 그렇다면 한 시간에 70km를 가는 기차는 두 시간에 140km, 세 시간에 210km, 네 시간에 280km, 다섯 시간에 350km를 갈 수 있어. 7 곱하기 5는 35잖아.'

1번 문제의 정답은 5였다. 그렇다면 두 번째 문제는?

'아, 이건 조금 어렵네. 1달러가 우리 돈으로 1100.25원이니까 1500달러는 1100.25에 1500을 곱하면 나올 텐데……. 이건 도저히 머릿속으로는 못 풀겠어.'

세리는 작은 수첩과 연필을 꺼내 계산식을 썼다. 그러고 나니 까

마득했다. 수도 큰 데다 소수까지 있으니 어떻게 계산을 해야 할지 헷갈렸다.

그때, 세리의 스마트폰에 마지선의 문자메시지가 또 한 번 도착했다.

세리야, 뭐 해? 아직 기다리고 있잖아!

설마…… 두 번째 문제에서 막힌 거야?

힌트를 하나 줄게!

끝에 있는 0 하나를 쓱 없애면 어떤 일이 벌어질까?

'윽! 어떻게 알았지? 마술사라서 내 마음까지 몰래 읽은 걸까?'

세리는 다시 수첩을 들여다보았다.

'끝에 있는 0? 1500의 끝에 있는 0이 없어지면? 맞다! 이렇게 하면 계산하기가 좀 더 쉬울 거야.'

세리는 수첩에 다시 계산식을 썼다.

각도와 비례를 알면 나도 마술사

$$1100.25 \times 1500 = 11002.5 \times 150 = 110025 \times 15 = 1650375$$

'옳지! 165만 375원이야. 그러니까 만 원짜리 지폐 165장을 가지고 가면 되는 거라고! 1번의 답 5와 2번의 답 165를 곱하면 825! 마지선 언니의 사무실은 825호실이야.'

세리는 엘리베이터를 타고 8층으로 올라가서 825호의 초인종을 눌렀다.

"누구세요?"

그런데 안에서 들려온 목소리는 남자의 굵은 목소리였다. 세리는 흠칫 놀랐지만, 사무실에는 마지선의 일을 돕는 다른 사람들도 있을 거라고 생각했다. 곧이어 문이 열리고 나이 든 아저씨가 얼굴을 내밀었다.

"너 같은 어린애가 여기에는 무슨 일이야?"

"저는 마지선 마술사님을 만나러 왔는데요."

"누구? 마지선? 그런 사람은 여기 없는데?"

"네?"

"여기는 마술과 상관없는 일반 회사 사무실이야. 아무래도 잘못 찾아왔나 본데?"

이럴 수가! 세리의 얼굴이 붉어졌다. 분명히 825호일 거라고 생

35

각했는데 뭔가 계산을 잘못한 것 같았다.

"죄, 죄송합니다."

세리는 꾸벅 인사를 하고 뒤돌아섰다. 그리고 엘리베이터 앞에서 다시 한번 수첩을 들여다보았다.

'이런 멍청이!'

세리는 이마를 콩 때렸다. 두 번째 문제의 계산 결과는 165만 375원이었다. 은행에 165만 원을 들고 갈 경우 375원이 모자란다. 그러니까 만 원짜리 지폐 166장을 들고 가야 한다. 따라서 5에 166을 곱한 830이 정답이다.

세리가 830호의 초인종을 누르자 안에서 마지선의 목소리가 들렸다.

"세리 너, 드디어 문제를 다 푼 거야?"

세리는 어리둥절했다. 마지선은 초인종을 누른 사람이 세리라는 것을 어떻게 알았을까? 문 너머에 있는 사람을 보는 투시력이라도 있는 걸까? 얼떨떨한 얼굴로 서 있는 세리를 보고 마지선이 깔깔 웃었다.

"왜 그러고 있는 거야? 빨리 들어와."

세리는 그제야 주문이 풀린 듯 정신이 들었다.

"안녕하세요?"

"세리야, 솔직히 얘기해 봐. 825호에 갔다 왔지?"

각도와 비례를 알면 나도 마술사

세리는 얼굴이 새빨개졌다. 마지선은 크게 웃음을 터뜨렸다.

"하하하, 그 문제를 내면 너처럼 틀리는 사람이 한둘이 아니야. 대부분 만 원짜리 한 장이 더 필요하다는 것을 깜빡하거든."

마지선을 따라 들어간 사무실 안은 온갖 마술 도구들로 가득했다. 지난 마술 쇼에서 사용했던 여러 가지 도구들도 가지런히 정리되어 있었다. 세리가 정신없이 이것저것 구경하는 동안 마지선은 차와 주스를 가지고 왔다.

"여기에 언니 혼자 있는 거예요?"

2. 뜻밖의 제안

"아니, 일을 도와주는 조수가 있어. 그런데 오늘도 지각이네."

그때 사무실 문을 열고 누군가가 들어왔다.

"선생님, 저 왔습니다."

"또 늦었네. 요즘 지각이 너무 잦은데?"

"아, 그게 차가 꽉 막혀서……."

"그 핑계는 이제 그만 대. 지금 이 시간에 차가 왜 막히니?"

"그게 아니라 사고가 나는 바람에 길이 막혀서요."

"그 사고는 어떻게 날마다 네가 가는 데마다 나니?"

한참 씩씩대던 마지선은 옆에 있는 세리를 보고 표정을 가다듬었다.

"손님을 놔두고 이렇게 싸울 때가 아니지. 자, 여기는 내 조수인 오주라고 해. 그리고 여기는 내가 새로 만들 어린이 마술 쇼를 도와줄 세리야."

오주는 큼직한 손을 쑤욱 내밀었다.

"헤헤, 오주라고 해. 잘 부탁해."

"잘 부탁드립니다."

세리가 오주의 손을 잡았다. 오주는 세리와 악수를 나누자마자 다시 문으로 향하면서 말했다.

"아, 맞다. 지난번에 사 오라고 한 도구 지금 사 올게요!"

"온 지 얼마나 됐다고 벌써 나가!"

각도와 비례를 알면 나도 마술사

　오주의 뒷모습을 보면서 마지선이 소리쳤다. 그러나 오주는 아랑곳하지 않고 서둘러 나가 버렸다.

　"저 녀석, 요즘 사무실에 붙어 있는 시간이 없네."

　마지선은 한숨을 내쉬었다.

　"아무튼 내 일을 도와주겠다고 해서 고마워. 보답은 꼭 할게."

　"제가 어떤 일을 도우면 되는 거예요?"

　"어린이를 위한 과학 마술이니까 내가 할 마술들이 세리의 눈높

이에 맞는지 알려 주면 돼. 그러니까 아이들이 보기에 잘 이해할
수 있는지, 재미있는지 이런 이야기를 해 줘. 세리한테 좋은 아이
디어가 있으면 이야기해 줘도 되고."

"언니, 그럼 저한테도 마술을 가르쳐 주실 거예요?"

"글쎄……. 마술사들은 원래 마술의 비밀을 가르쳐 주지 않는다
는 규칙이 있어. 그래도 간단한 마술 정도는 가르쳐 줄 수 있지. 친
구들한테 자랑할 만큼은 될걸?"

"와, 정말 기대돼요!"

"혹시 내가 이야기한 '승화'가 뭔지는 찾아봤어?"

"네, 고체가 기체로 곧바로 변하는 게 승화잖아요. 그래서 드라
이아이스를 상온에 꺼내 놓으면 이산화탄소의 어는점보다 주변
온도가 훨씬 높으니까 이산화탄소가 승화돼서 연기가 나는 거예
요. 맞죠?"

"음, 거의 맞았는데 딱 한 군데가 틀렸어."

"네? 틀렸다고요?"

"그래도 그 정도까지 알아냈다니 대단해. 그런데 마지막 부분이
틀렸어."

"마지막 부분이라면, 얼어 있던 이산화탄소가 기체가 되면서 연
기가 나는 게 아니에요?"

"얼어 있던 이산화탄소가 기체가 되는 건 맞는데, 기체가 된 이

각도와 비례를 알면 나도 마술사

산화탄소는 우리 눈에 안 보여."

"네? 그럼 그 연기는 도대체 어떻게……."

"물이야."

"물이요? 드라이아이스는 이산화탄소로만 만드는 게 아닌가요?"

"자, 들어 봐. 온도가 다른 두 물질이 만나면 어떤 일이 벌어질까?"

세리는 잠시 생각하다가 대답했다.

"온도가 높은 물질은 열을 빼앗기고, 온도가 낮은 물질은 그 열을 흡수해서 결국은 둘이 같은 온도가 된다고 배웠어요. 차가운 음료 캔을 뜨거운 물에 담그면 그렇게 되잖아요."

"맞아. 그렇다면 기체끼리 만났을 때에도 그런 일이 생기지 않겠어? 차가운 기체와 뜨거운 기체가 만나면 서로 열을 주고받지 않을까?"

"그렇겠네요. 그런데 그 연기가 물이라는 건……."

"지금 우리를 둘러싸고 있는 공기 속에도 물이 있어. '습도'라는 말 들어 봤지?"

"네, 공기 속에 수증기가 얼마

온도가 높은 물질은 열을 빼앗기고
온도가 낮은 물질은 열을 흡수한다.

나 있는지를 나타내는 거잖아요."

세리는 알겠다는 듯이 손뼉을 쳤다.

"아하! 차가운 이산화탄소 기체가 공기 속 수증기랑 만나면, 그 수증기가 차가워지면서 연기처럼 뿌옇게 보이는 거죠?"

"바로 그거야. 드라이아이스에서 막 빠져나온 차가운 이산화탄소 기체가 공기 속의 수증기랑 만나면 서로 열을 주고받는 거야. 갑자기 차가워진 수증기는 아주아주 작은 물방울로 변해 버리거든. 그게 뿌연 연기처럼 보이는 거야. 안개랑 비슷하다고 볼 수도 있겠네."

"안개요?"

"응. 아침에 기온이 뚝 떨어지면 공기 속 수증기가 급격히 차가워져서 아주 작은 물방울이 되고, 뿌연 안개가 되거든."

세리는 고개를 끄덕였다. 드라이아이스의 연기와 안개는 같은

습도

공기 중에 있는 수증기의 양을 습도라고 합니다. 수증기의 양이 많으면 '습도가 높다', 수증기의 양이 적으면 '습도가 낮다'라고 표현합니다. 습도는 우리 생활에 많은 영향을 줍니다. 습도가 높으면 빨래가 잘 마르지 않고, 집 안에 곰팡이가 생길 수 있습니다. 반면 습도가 낮으면 건조해서 눈이나 목이 따끔거리기도 합니다.

각도와 비례를 알면 나도 마술사

원리였다.

"자, 드라이아이스 이야기는 이 정도로 하고, 간단한 카드 마술을 가르쳐 줄까?"

"네!"

마술 퀴즈 ②

땅에서 가까운 공기 속에 있던 수증기가 갑자기
차가워지면서 아주 작은 물방울로 변해 뿌연 연기처럼
되는 것을 '안개'라고 합니다. 그렇다면 높은 하늘에서
같은 현상이 일어나면 무엇이 될까요?

3

세리가 배운
천 마술

"여기에는 조커 카드 2장이 있어."

마지선은 트럼프 카드 한 벌을 꺼내 가장 위에 있는 조커 2장을
보여 주었다.

"조커 1장은 세리가 가지고 있어 봐."

마지선은 2장의 조커 중 1장을 세리에게 주었다. 그리고 나머지
1장은 다른 카드 사이에 넣어 여러 번 섞었다. 세리는 다양한 방식
으로 멋지게 카드를 섞는 마지선의 손놀림을 넋을 놓고 보았다. 카
드는 마지선의 손에서 이리저리 섞이면서도 마치 자석이라도 붙
어 있는 것처럼 절대 떨어지지 않았다.

"이제 이 카드에 집어넣은 조커 1장은 어디쯤 있을까?"

각도와 비례를 알면 나도 마술사

"그렇게 많이 섞었는데 어떻게 알겠어요?"

"에이, 그래도 한번 맞혀 봐. 조 커가 있을 만한 곳에 세리가 가지 고 있는 조커를 끼워 넣어 보렴."

세리는 마지선의 손에 있는 카 드 더미의 중간쯤에 조커를 끼워 넣었다.

"조커가 여기 있을까?"

마지선은 세리가 조커를 넣은 곳 위쪽 의 카드 더미를 손에 쥐고 뒤집었다. 그랬더니 신기하게도 조커가 나왔다.

"우, 우와! 조커잖아! 그럼 제가 맞힌 거네요?"

"세리 대단한데! 정확하게 맞혔네. 다시 한번 해 볼까?"

"방금 한 번 맞혔으니까 이번에는 아마 틀릴 거예요."

"왜 그렇게 생각해? 이번에도 분명히 맞힐 수 있을 거야."

"설마요."

세리는 기대하지 않는 얼굴로 피식 웃었다. 그리고 마지선이 열 심히 섞은 카드 더미 중간에 다시 한번 조커를 찔러 넣었다. 마지 선은 아까와 마찬가지로 세리가 조커를 끼워 넣은 곳 위쪽의 카드 더미를 잡아 뒤집었다.

"어? 또 조커네?"

세리의 눈이 동그래졌다.

"이야, 또 맞혔네! 대단해! 마술사 해도 되겠는걸? 또 해 볼까?"

"이번에는 정말로 안 될 거예요. 세 번 연속으로 맞힐 가능성은 0일 테니까요."

마지선은 테이블 위에 카드를 죽 펼쳤다.

"카드가 총 몇 장이 있지?"

"음……. 카드에 적힌 숫자를 보면 A(에이스)부터 10까지 10장, 여기에 J(잭), Q(퀸), K(킹)을 더하면 13장이고 카드의 종류가 스페이드, 하트, 클로버, 다이아몬드 네 가지 있으니까 13 곱하기 4 해서 52장이에요. 마지막으로 조커 2장을 더하면 모두 54장이고요."

"맞아. 그럼 여기에서 아무 카드나 1장을 뽑았을 때, 조커가 나올 가능성은 얼마나 될까?"

"가능성이라……. 카드 54장 중에서 2장이 조커니까 54분의

각도와 비례를 알면 나도 마술나

2인가요?"

"그리고 54분의 2는 약분을 해서 27분의 1로 조금 더 간단하게 할 수 있지."

"그럼 저는 27분의 1이라는 가능성을 맞힌 거네요?"

"땡! 아까 나는 세리한테 조커 1장을 줬지? 그럼 내가 가지고 있던 카드의 수는?"

"아, 54장에서 1장이 줄었으니까……. 카드 더미 안에 1장밖에 없는 조커를 맞힐 가능성은 53분의 1이에요."

"맞았어! 여기서 카드의 수는 '경우의 수'라고 할 수 있어. 그리고 조커가 어디에 있는지 찍었을 때 어떤 카드든 나오겠지? 그걸 '사건'이라고 해. 이때 어떤 카드가 나올지 그 종류를 전부 따져 보면 경우의 수와 같은 가짓수가 나오는 거지."

"그러면 지금 경우의 수에서 내가 원하는 사건이 일어날 가능성은 53분의 1이네요. 그리고 이번에 맞혔으니까 앞으로 52번은 조커가 나올 가능성이 없는 거고요."

"아니야. 가능성을 그렇게 생각하면 안 돼. 앞으로 50번을 더 해도 한 번도 못 맞힐 수도 있고, 모두 맞힐 수도 있어. 가능성은 말 그대로 가능성이야. 이번에 어떤 사건이 일어났을 때 다음에 똑같은 사건이 일어날지 안 일어날지를 보장해 주지는 않아."

"그럼 가능성은 왜 계산하는 거예요?"

"적어도 어떤 사건이 일어날 확률이 높은지 아닌지를 판단할 수 있기 때문이지. 예를 들면, 비가 내릴 확률이 20%인 날과 60%인 날 중 언제 우산을 가지고 나가니?"

"당연히 비 올 확률이 60%인 날이죠."

"맞아. 그런데 비 올 가능성이 20%인 날에도 소나기가 내릴 수 있고, 60%인 날에도 흐리기만 하고 비가 안 내릴 수도 있어. 하지만 매일 우산을 가지고 다니는 게 귀찮다면 확률이 높은 날에 우산을 가지고 나가야겠지? 그래서 가능성이란 우리에게 선택할 수 있

각도와 비례를 알면 나도 마술사

는 정보를 주는 거야."

"그렇네요. 가능성을 보고 사람들이 우산을 가지고 나갈지 말지를 결정할 테니까요."

"자, 다시 해 보지 않을래? 또 알아? 이번에도 53분의 1의 가능성을 가진 일이 일어날지."

세리가 이번에는 마지선이 내민 카드 더미의 아랫부분에 조커를 꽂았다. 마지선이 카드를 뒤집었을 때 그곳에는 이번에도 조커가 있었다.

"우와, 또 맞혔어요!"

세리는 신이 나서 콩콩 뛰었다. 마지선은 빙긋 웃었다.

"아마 몇 번을 다시 해도 계속해서 맞힐 수 있을 거야. 그게 바로 마술이거든."

세리는 그제야 마지선이 마술사라는 사실을 떠올렸다.

"잘 보라고."

마지선은 카드의 아랫면이 잘 보이도록 들고 카드를 섞기 시작했다. 그리고 한 번 섞을 때마다 가장 밑바닥의 카드를 보여 주었다. 그런데 신기하게도 항상 조커였다.

"와, 어떻게 섞어도 항상 조커가 가장 아래에 있네요?"

"그래, 마술사의 기술이지. 한 가지 방법으로만 섞으면 관객이 눈치챌 수 있으니까 여러 가지 방법으로 섞지만, 가장 아래에 있는 카드는 항상 그대로 있도록 섞는 거야."

"그런데 가장 아래에 있는 카드가 어떻게 제가 조커를 넣은 곳에서 나오는 거죠?"

"자, 여기에 조커를 넣어 봐."

마지선은 세리가 찔러 넣은 조커와 함께 그 아래의 카드를 분리했다. 그런데 자세히 보니 마지선이 검지와 중지를 이용해 가장 아래에 있는 조커를 슬쩍 안쪽으로 밀어 넣었다. 그런 다음 아래쪽에 있는 카드 더미를 빼면서 재빨리 위에 있는 카드 더미에 조커를 붙였다.

"헤헤. 손등으로 가려서 가장 아래에 있는 카드를 슬쩍 안으로 밀어 넣는 걸 보이지 않게 하는 거네요. 마술은 볼 때는 참 신기한데 알고 나면 정말 간단한 것 같아요."

"뭐든지 그렇지. 알고 나면 간단해 보여. 마술은 가능성이 1인 행위를 하면서 관객이 53분의 1의 가능성을 보고 있다고 믿게 만드는 기술인 거야. 그래서 정말 연습도 많이 하고 생각도 많이 해야 해. 손의 각도도 마찬가지야."

"각도요?"

"손을 너무 위로 들면 어떤 트릭을 썼는지 들키고, 또 너무 아래로 내리면 뭔가 감추고 있다는 게 티가 나잖아. 관객이 눈치채지 못하는 자연스러운 각도를 찾아야 하거든."

각도와 비례를 알면 나도 마술사

　진지한 표정으로 고개를 끄덕이는 세리를 보며 마지선이 씩 웃었다.

　"이렇게 세리랑 이야기하다 보니까 이 마술로 어린이들에게 가능성과 각도의 개념을 설명해 줄 수 있을 것 같네."

　세리는 마지선에게 도움이 된 것 같아서 기분이 좋아졌다.

　"그런데 각도는 어느 정도가 좋을까요?"

　"그건 상황에 따라 달라. 지금 세리는 딱 내 손의 위치와 눈높이가 맞잖아? 하지만 무대는 관객들의 눈높이보다 많이 높지. 그럴 때는 손을 조금 더 숙여서 각도를 낮춰야 해."

마지선이 서랍에서 커다란 각도기를 꺼냈다.

"와, 언니는 이런 것도 가지고 있어요?"

"그럼! 마술은 아주 정확하고 정교한 예술이라고. 가장 좋은 값을 찾아야 하니까 말이야."

마지선은 각도기를 테이블 위에 세웠다. 그리고 손등을 위로 해서 카드를 쥔 다음 바닥에 손끝을 댄 상태로 각도를 조금 낮췄다.

"카드 바닥이 보이니?"

"안 보여요."

마지선이 이번에는 손등을 좀 더 위로 들었다.

"지금은?"

"아직이요."

"그럼 손등을 조금 더 들어 볼까? 지금은?"

"아, 지금은 보여요."

"세리의 눈높이에서는 20° 정도의 각도일 때 카드의 바닥이 안 보이는구나. 그럼 무대에서 이 마술을 한다고 했을 때, 관객의 눈높이가 지금보다 25° 아래에 있으면 손등을 얼마나 세워야 할까?"

"음, 20°보다 25°가 더 아래로 내려가 있으면 45°인가요?"

"그럼 반대로 눈높이가 25° 위에 있으면?"

"그럼 반대니까 20°에서 25°가 줄어들어 −5°가 되네요."

"그렇지. 그런데 −5°는 어떻게 해야 되는 걸까?"

각도와 비례를 알면 나도 마술사

"손등을 수평보다 5° 정도 위로 들어도 카드 밑이 안 보인다는 거죠?"

"호호. 너 정말 수학 못하는 거 맞아? 대답 잘하네."

"그, 그런가요?"

세리는 쑥스러운 듯 머리를 긁었다.

"역시 집중을 하면 문제가 잘 풀리나 봐."

"그런데 혼자서 연습하려면 어떻게 해야 하나요? 항상 관객이 있을 때 연습할 수는 없잖아요."

"예리한데? 그래서 마술사들은 연습할 때 거울을 많이 쓰지."

"거울이요?"

"각도를 조절할 수 있는 거울이 있거든."

마지선은 도구가 잔뜩 있는 곳에서 뭔가를 가져왔다. 그 물건은 마치 날개처럼 좌우로 펼칠 수 있는 형태였다. 날개를 펼치자 왼

쪽, 가운데, 오른쪽 세 면에 거울이 만들어졌다.

"이건 세 방향에서 볼 수 있는 스리웨이 미러(3-way mirror)야. 이렇게 거울을 펼쳐 놓고 연습하면 정면, 왼쪽, 오른쪽에 있는 관객들에게 혹시 마술 트릭이 보이지 않는지 살펴볼 수 있어."

세리는 고개를 끄덕였다. 어느 방향에서 보아도 트릭이 보이지 않도록 연습하는 건 정말 어렵겠다는 생각이 들었다.

"이건 좌우만 볼 수 있는 게 아니야. 이런 방법으로도 활용할 수 있어."

마지선은 거울을 접어서 삼각형 모양으로 만들어 세웠다.

"이렇게 하면 아까처럼 관객의 눈이 어느 위치에 있는지에 따라서 카드 밑이 보이는지 안 보이는지 연습해 볼 수 있겠네요!"

마지선이 거울을 직각으로 세우면서 말했다.

"응. 만약 아까처럼 관객의 눈높이가 내 손과 같은 높이에 있다고 생각하면, 이렇게 수직(90°)이 되어야 해. 그래야 입사각과 반사각이 같으니까."

"빛이 거울로 들어갈 때의 각도가 입사각이고, 빛이 거울에 반사돼서 나올 때의 각도가 반사각인 거죠?"

"맞아. 거울에 수직으로 선을 그으면 입사각과 반사각은 그 선에 딱 대칭이야. 그래서 거울을 보면 물체가 실제와 똑같은 높이에 있는 것처럼 보이지."

각도와 비례를 알면 나도 마술사

"옆에서 봤을 때는 입사각과 반사각이 둘 다 0°니까요."

"아까 각도기로 쟀을 때 세리의 눈높이에서 20°까지는 카드 밑바닥이 안 보인다고 했지? 그럼 거울로 똑같은 상황을 만들려면 테이블과 거울의 각도는 얼마여야 할까?"

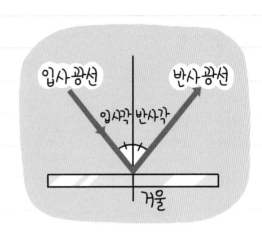

"그러니까……."

세리는 헷갈리기 시작했다.

"수직에서 20°를 기울여서 70° 아닌가요?"

"땡! 잘 보라고."

마지선은 옆에 있는 화이트보드에 휘리릭 그림을 그렸다. 카드를 섞을 때처럼 빠른 손놀림이었다.

"짜잔! 자, 지금부터 마술사 마지선의 과학 수업을 시작합니다!"

세리는 반짝이는 눈으로 박수를 쳤다.

"왼쪽 그림을 봐. 거울을 수직으로 세우고 정면을 똑바로 바라보면, 카드에서 거울로 가는 빛은 바로 반사가 돼. 입사각과 반사각이 모두 0°야. 그래서 카드는 거울에 실제와 같은 눈높이에서 바라본 것처럼 나타나. 그렇지?"

"네, 저도 여기까지는 이해할 수 있어요. 그런데 오른쪽 그림은 엄청 복잡해요."

"설명해 줄게. 세리의 말처럼 거울을 20° 기울이면 테이블과 거울의 각도는 70°가 돼. ①과 ② 사이의 흐린 선은 거울에 수직인 선인데, 이 선과 테이블의 각도는 어떻게 될까?"

"20°예요. 거울과 함께 20° 기울어졌을 테니까요."

"카드에서 거울로 가는 빛이 수평으로 똑바로 반사됐다면 거울의 입사각, 그러니까 이 그림에서 ①은 얼마가 될까?"

각도와 비례를 알면 나도 마술사

세리는 슬슬 머리가 복잡해지기 시작했다. 테이블과 평행이니까 입사각은 아까와 마찬가지로 0°일까? 세리는 고개를 저었다. 입사각과 반사각은 거울에 수직인 선을 기준으로 따져 봐야 했다. 그러므로 입사각도 거울이 기울어진 만큼 변했을 게 분명했다.

"음, 거울이 20° 기울어졌으니까 입사각도 20°인가요?"

"그렇지. 그럼 반사각, 그러니까 ②는?"

"입사각이 20°니까 반사각도 똑같이 20°겠네요."

"바로 그거야! 그런데 거울 속에 보이는 카드는 반사각을 거울 뒤로 쭉 이은 이 선에 맺힌단 말이야. 그러면 카드는 몇 도나 아래로 기울어져 보이지?"

마지선이 화이트보드의 그림을 가리키며 물었다. 세리는 다시 고민했다. 거울에 수직으로 그은 선을 기준으로 하면 20°지만, 수평인 테이블을 기준으로 하면 40°였다.

"40°인 것 같아요. 수평인 테이블을 기준으로 하면 입사각과 반사각을 모두 더한 40°가 정답이 아닐까요?"

"딩동댕! 맞았어! 와, 대단한데?"

세리가 정답을 맞히자 마지선은 신이 난 듯 팔을 휘저으며 이야기했다.

"자, 그럼 원래 내가 냈던 문제로 되돌아가 보자. 아까 세리가 봤을 때 20°까지는 카드 밑바닥이 안 보인다고 했잖아. 이 거울로 똑

57

같은 상황을 만들려면 거울을 얼마나 기울여야 할까?"

"거울을 20° 기울이면 카드는 40° 기울어져 보이니까, 거울은 10°만 기울여야 해요! 다시 말해서 거울을 10° 기울여서 테이블과의 각도가 80°가 되도록 해야 하는 거예요."

"그거야, 그거! 잠망경을 생각해 봐. 잠망경 안에는 거울이 몇 도로 놓여 있지?"

"45°로 놓여 있어요."

"그래, 잠망경에는 거울이 위아래로 하나씩 있잖아. 빛이 거울에 반사될 때마다 90°씩 꺾이는 거야. 왜냐하면 거울이 45°로 기울어졌으니까."

"입사각 45°, 반사각 45°. 그래서 합이 90°가 되는 거네요!"

"바로 그거야! 입사각과 반사각의 개념이 확 와닿지? 어때? 마술보다 더 재미있지 않아?"

마지선은 문득 시계를 올려다보고 깜짝 놀랐다.

"어머, 시간이 벌써 이렇게 됐네! 오늘 도와줘서 고마워. 덕분에 좋은 아이디어를 많이 얻었어."

"정말이요?"

"그럼! 다음 주 토요일에 또 와 줘."

집으로 돌아온 세리는 마지선이 알려 준 카드 기술을 열심히 연습했다. 책상 위에는 용돈을 쪼개서 산 스리웨어 미러까지 펼쳐

잠망경은 입사각과 반사각의 원리를 활용한다.

놓았다.

'으으, 카드를 손가락으로 돌리는 것도 잘 안 되네.'

겨우겨우 가장 아래의 카드를 빼내는 것까지는 성공했지만, 거울에 비친 손가락의 움직임이 많이 부자연스러웠다.

'도대체 마지선 언니는 얼마나 연습을 많이 한 거야?'

세리는 늦게까지 마술을 연습하다가 스르르 잠이 들었다.

다음 날도 세리는 카드를 붙잡고 끙끙댔다. 어제보다는 나아졌지만 아직도 손을 움직이는 모습이 거울에 그대로 보였다.

3. 세리가 배운 턴 마술

'조금만 더 연습해 보면 될 것 같은데…….'

세리는 방학이 시작되기 전에 학교 친구들한테 카드 마술을 보여 주고 싶었다.

방학식 날 아침, 엄마가 세리를 깨웠다.

"세리야, 아침 먹고 학교 가야지. 늦잠 자면 안 돼!"

그러나 세리는 대답이 없었다.

"어제저녁부터 방에 틀어박혀서 꼼짝도 않더니, 혹시 게임하다가 늦게 자서 아직 못 일어났나? 세리야! 이러다가 학교 늦겠……."

각도와 비례를 알면 나도 마술사

그때 방문이 벌컥 열리더니 세리가 크게 소리치며 뛰어나왔다.

"해냈다, 해냈어! 야호! 드디어 해냈어요. 내가 해냈다고!"

"세리야, 뭘 해냈다는 거야?"

"마지선 언니가 보여 준 카드 마술을 내가 똑같이 해냈어요!"

세리는 후다닥 화장실로 달려갔다. 머릿속은 빨리 학교에 가서 친구들에게 마술을 보여 줄 생각으로 가득 차 있었다.

"세리야, 아침은 먹고 가야지!"

"학교 늦어요! 빵이라도 사 먹을게요!"

후다닥 가방을 챙겨서 나가는 세리의 뒷모습을 보면서 아빠가 입을 열었다.

"여보, 세리가 어제 밤새도록 마술 연습을 했나 본데요."

"그러게요. 공부를 좀 그렇게 열심히 하면 얼마나 좋아?"

"하하. 뭐라도 열심히 하면 좋죠, 뭐."

학교에 간 세리는 친구들에게 연습한 카드 마술을 보여 주었다.

"자, 이제 네가 가진 조커를 아무 데나 꽂아 봐. 다른 조커가 있을 것 같은 곳에 넣으면 돼."

서현이가 카드 더미에 조커를 꽂자 세리는 마지선이 했던 것처럼 카드 더미를 위아래로 나누어 뒤집었다.

"짜잔! 조커가 여기 있네?"

반 친구들은 세리가 보여 주는 마술을 신기해했다. 열 번을 했는

데 열 번 모두 조커가 나왔기 때문이다.

"와! 이거 어떻게 하는 거야? 신기하다!"

"나도 해 볼래. 나도 하게 해 줘!"

세리와 친구들의 모습을 지켜보고 있던 병호는 심드렁한 표정으로 말했다.

"품. 마술 그거 다 속임수야. 신기하긴 뭐가 신기해?"

병호의 말에 한참 마술에 빠져 있던 서현이가 물었다.

"우와, 그럼 병호 너도 이 마술 할 줄 알아?"

"알 게 뭐야? 관심 없어. 어차피 속임수일 텐데. 나는 그런 거 하나도 안 신기해."

　친구들은 여전히 재미있어했지만 세리는 살짝 기분이 상했다.
어떻게 하는지도 모르면서 속임수라고 비웃다니. 하긴 어른 중에
도 마술을 비웃는 사람이 있긴 하다. 그런 사람들을 마지선 언니는
어떻게 생각할까?

마술 퀴즈 ③

"
두 거울을 서로 90°가 되도록 놓았을 때에는 그림처럼
실제 물체 1개와 거울에 맺힌 상 3개가 보입니다.
두 거울 사이의 각도가 120°일 때에는 2개의 상이,
60°일 때에는 5개의 상이 거울에 맺힙니다.
그렇다면 거울에 보이는 상이 7개가 되려면
두 거울 사이 각도는 얼마가 되어야 할까요?
"

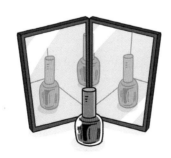

4
정말로 힘들게 피자를 나눠 먹는 방법

세리는 마지선에게 병호가 했던 말을 이야기했다. 그런데 마지선은 별것 아니라는 듯이 웃었다.

"그랬구나. 나도 그런 식으로 이야기하는 사람들 많이 봤어."

"마술을 진짜가 아니라 속임수라고 비웃는 사람들을 보면 조금 속상해요."

"그럼 세리 너는 영화에서 슈퍼히어로들이 막 하늘을 날아다니고, 광선을 팡팡 쏘고, 어마어마한 돌덩이를 가뿐하게 들어 올리는 게 다 사실이라고 생각하니?"

"에이, 하지만 그건 마술이 아니잖아요."

"그렇지만 그것도 다 속임수야. 사람을 가늘고 튼튼한 줄에 매달

64

각도와 비례를 알면 나도 마술사

아서 하늘을 날아다니는 것처럼 보이게도 하고, 컴퓨터로 정말 실제 같은 그림을 그려서 배우와 합성하기도 하지. 그것도 속임수지만 사람들은 다 알면서도 재미있게 영화를 보잖아, 안 그래?"

세리는 고개를 끄덕였다.

"마술은 당연히 속임수야. 현실에서는 일어날 수 없는 일을 눈앞에서 일어나는 것처럼 만들어서 사람들을 즐겁게 해 주는 게 마술이지. 영화를 만드는 사람들과 마술을 하는 사람들의 목적은 모두 관객들을 즐겁게 하고 감동을 주는 거야."

와이어 액션

영화를 촬영하며 공중에서 싸우거나 높은 건물에 매달리는 것처럼 위험한 장면을 찍을 때에는 배우에게 특수한 줄을 매달아서 촬영을 합니다. 이것을 줄(와이어)을 사용하는 액션이라는 뜻으로 '와이어 액션'이라고 부르는데, 그냥 놔두면 당연히 영화를 보는 사람들에게 줄이 보이기 때문에 컴퓨터를 사용해서 감쪽같이 지웁니다.

세리는 다시 한번 고개를 끄덕이면서 생각했다.

'정말 마지선 언니는 마술에 자부심을 크게 가지고 있구나. 그러니까 멋진 마술사가 된 거야. 나도 정말 멋진 마술사가 되고 싶어.'

세리는 마지선에게 지난번에 배운 마술을 열심히 연습해서 친구들에게 보여 준 일을 이야기했다. 마지선은 깜짝 놀랐다.

"오, 정말? 대단한데. 굉장히 연습을 많이 했구나?"

"헤헤. 언니 얘기는 안 했으니까 걱정 마세요. 그런데 오늘은 뭘 하실 거예요?"

"오늘은 말이지."

마지선이 페트병을 하나 꺼냈다.

"여기에 뭐가 들어 있는 것 같아?"

"콜라 같은데요?"

"맞아. 자, 이걸 말이지."

각도와 비례를 알면 나도 마술나

마지선은 콜라병을 마구 흔들었다. 그러자 콜라의 색깔이 점점 투명하게 변하기 시작했다.

"짜잔! 투명 콜라가 다 만들어졌습니다! 어때, 신기하지?"

그러나 세리의 반응은 시큰둥했다.

"에이, 언니. 그 안에 든 거 콜라 아니죠?"

"왜 그렇게 생각해?"

"비슷한 실험을 과학 시간에 해 봤거든요. 산성인지 염기성인지에 따라서 색깔이 변하는 약품이요."

"하하. 이번에는 쉽게 들켰네. 맞아, 이건 콜라가 아니라 콜라랑 비슷한 색깔로 만들어 놓은 액체야. 그리고 병뚜껑에는 다른 약품을 발라 놨지."

"그래서 병을 흔들면 병뚜껑에 발라 놓은 약품이 녹아서 색깔이 변하는 거예요, 맞죠?"

"과학 시간에 배운 게 아주 없지는 않구나. 그럼 다른 병을 하나 꺼내 볼까?"

마지선은 또 다른 콜라병을 꺼냈다.

"더운데 우리 콜라 슬러시나 해 먹을까?"

"그러려면 얼음이 있어야 하잖아요."

"글쎄? 과연 그럴까?"

마지선은 콜라병의 뚜껑을 열어 컵에 천천히 부었다.

"자, 슬러시를 만들어 봅시다!"

마지선이 작은 마술봉으로 컵을 툭 치자, 갑자기 콜라가 얼어붙기 시작했다. 세리는 깜짝 놀랐다.

"이게 왜 이러지?"

곧이어 마지선이 남은 콜라를 붓자 아까와는 달리 컵에 떨어지자마자 콜라가 얼어붙었다. 순식간에 콜라 슬러시가 된 것이다.

"자, 먹어 봐. 이건 진짜 콜라라니까?"

정말이었다. 진짜 콜라였다. 대체 어떻게 된 일인지 세리는 아무

각도와 비례를 알면 나도 마술사

리 생각해 봐도 알 수가 없었다.

"도저히 모르겠어요. 병에 있을 때는 분명히 액체였는데 어떻게 이렇게 되죠?"

"이건 과냉각이라고 하는 거야."

"과냉각?"

"물의 어는점이 얼마인지는 알지?"

"당연하죠. 0℃잖아요."

"맞아. 그럼 콜라의 어는점은?"

"콜라의 어는점은 학교에서 안 배웠어요."

"이런, 그것도 몰라? 내 일을 어떻게 도와주려고 그래?"

세리는 당황했다.

'누구나 다 아는 건데 나만 모르는 걸까? 혹시 과학 시간에 배운 걸 까먹은 걸까?'

고민하고 있는 세리를 보면서 마지선은 깔깔깔 웃었다.

"사실은 나도 몰라. 미안, 미안."

"네? 그럼…….."

"미안, 그냥 한번 놀려 본 거야. 그런데 한 가지는 분명해. 콜라의 어는점은 물보다 낮아. 콜라에는 물 말고도 뭐가 들어 있지?"

"일단 톡 쏘는 탄산가스가 들어 있어요. 단맛이 나는 설탕도 있고, 까만색을 내는 색소도 있을 거고…… 또 뭐가 있죠?"

"그 밖에도 다른 게 좀 더 들어 있긴 하지만, 세리가 말한 것들이 주로 녹아 있어. 이렇게 **물 같은 액체에 다른 뭔가가 녹아 있는 걸** 뭐라고 할까?"

"음, **용액**이라고 해요."

세리는 과학 시간에 배운 내용을 열심히 떠올렸다.

"**액체에 녹는 물질은 용질이라고 하고, 용질을 녹이는 액체는 용매라고 해요.** 그러니까 설탕 같은 건 용질이고 물은 용매고, 그런데 탄산가스는……."

"탄산가스도 물에 녹아 있으니까 용질이야. 용질이 꼭 고체일 필요는 없어."

"아, 그렇구나. 그러면 물에 다른 걸 녹인 용액은 아무것도 섞이지 않은 물보다 어는점이 낮아요?"

"맞아. 어는점 내림이라는 건데, 모든 용액에 그런 현상이 있어. 그래서 콜라를 얼리려면 몇 도인지는 정확히 몰라도 $0°$보다는 더 낮춰야 해."

어는점 내림

용질이 녹아 있는 용액이 순수 용액일 때보다 어는점이 낮아지는 현상을 어는점 내림이라고 합니다. 염분이 녹아 있는 바닷물은 잘 얼지 않는데 이는 어는점 내림 현상 때문입니다.

각도와 비례를 알면 나도 마술사

"그럼 어는점이 물보다 낮은 용액을 얼리면, 그러니까 과, 과, 과…….”

"과냉각! 과하게 냉각된다. 풀어서 말하면 지나치게 냉각된다는 뜻이야.”

"아아, 과냉각.”

"액체의 온도를 아주 빠르게 낮추면, 온도가 어는점 밑으로 내려가도 얼지 않고 액체 상태를 그대로 유지하는 현상을 말하는 거야.”

"그럴 수가 있는 거예요? 어는점 밑으로 내려가도 얼지 않아요?”

"액체가 얼어붙기 위해서는 액체끼리 서로 엉겨 붙어서 단단히 굳는 과정이 필요해. 그런데 너무 빨리 온도가 내려갈 경우, 미처 엉겨 붙지 못한 액체가 차가운 온도 때문에 움직이는 힘이 약해져서 액체 상태로 남아 있는 거야. 계속 온도가 내려가면 언젠가는 얼지만 어는점보다 훨씬 낮은 온도에서 얼게 되지.”

"와, 신기하다! 그럼 콜라 말고 물도 이렇게 할 수 있는 건가요?”

"응. 그런데 용액이 아무래도 더 편해. 물은 일단 어는점 밑으로 내려가면 더 이상 온도가 잘 안 떨어지거든. 반면에 용액은 물보다 온도가 빨리 내려가는 데다 어는점 밑으로 내려가도 온도가 잘 떨어지는 편이라서 냉동실에서 과냉각시키기 좋아.”

"그럼 똑같이 냉장고에 넣어서 온도를 낮출 때 물보다 콜라의 온도가 더 빠르게 떨어지겠네요! 그런데 콜라를 마술봉으로 톡 치니

까 갑자기 확 얼어 버리는 건요?"

"음, 뭔가 정상이 아닌 상태는 불안정하거든. 예를 들면 두 발을
모두 땅에 딛지 않고 한쪽 다리로만 계속 서 있으면 금방 다리가
후들거리지 않아?"

"맞아요. 다리 하나 들고 눈 감고 오래 버티기 놀이 같은 것도 하
잖아요."

"물질도 마찬가지야. 과냉각은 분명히 비정상이야. 한쪽 다리를
들고 있는 것처럼 불안정해. 그래서 약간만 변화가 있어도 정상적

각도와 비례를 알면 나도 마술나

인 상태일 때 원래 되어 있어야 할 상태로 돌아가려는 성질이 아주 강하지."

"그럼 그 변화를 마술봉이 만드는 건가요?"

"그렇지. 이미 어는점 밑으로 내려가 과냉각된 액체에 충격을 주면, 그 충격으로 액체가 엉겨 붙기 시작하면서 그제야 얼기 시작하는 거야."

"아하! 그럼 집에서도 만들어 볼 수 있어요?"

"물론이지. 콜라를 충분히 흔들어서 냉동실에 넣고 몇 시간 잘 놓아두면 돼. 그리고 컵에 따를 때에는 최대한 흔들리지 않도록 조심해야 하지. 아니면 그냥 병에 들어 있는 상태에서 흔들어서 슬러시를 만드는 방법도 있고."

그때 문이 열리고 마지선의 조수 오주가 들어왔다. 손에는 피자와 콜라 그리고 몇 가지 마술 도구가 들려 있었다.

"오주! 피자 한 판 사 오는 데 한 시간이 넘게 걸리다니, 또 어디서 딴짓하고 온 거지!"

"피자 가게에 갔더니 사람이 너무 많아서 기다리느라 혼났어요."

"미리 전화로 주문하고 갔는데 그게 말이 돼?"

"아, 배고픈데 빨리 먹죠. 점심시간 한참 지났잖아요."

마지선의 잔소리에도 오주는 능청스럽게 피자 박스를 열었다.

"뭐야, 피자가 안 잘려 있잖아?"

오주의 말처럼 먹기 편하게 여러 조각으로 잘려 있어야 할 피자는 한 덩이 그대로였다.

"뭐야? 확인을 하고 가져왔어야지!"

"에이, 다 포장해서 끈까지 묶어서 주는데 누가 그걸 또 열어 봐요? 아무튼 피자를 자르려면 칼을 가져와야겠네요."

오주는 부엌에서 가지고 온 칼로 피자를 자르기 시작했다. 그런데 신나게 피자를 자르는 오주를 마지선이 막았다.

"자, 잠깐! 이걸 어떻게 먹으라는 거야?"

"왜요? 피자 가게에서는 다 이렇게 자르는데요. 가로로 한 번, 세로로 한 번, 왼쪽 오른쪽 대각선으로 한 번. 그러면 여덟 조각이 나오잖아요."

"우린 셋이잖아. 이렇게 자르면 세 명이 어떻게 나눠 먹니?"

"흠, 그런가? 그럼 일단 지금 여덟 조각이니까 두 조각씩 나눠 먹고, 나머지 두 조각은 선생님하고 제가 한 조각씩 먹으면 되죠."

"그럼 세리는?"

"세리는 꼬마잖아요. 두 조각만 먹어도 되죠, 뭐."

"그런 게 어디 있어?"

"언니, 전 하나만 먹어도 괜찮아요. 두 사람은 어른이잖아요."

"무슨 소리! 너도 우리 팀인데 공평하게 나눠 먹어야지! 게다가 이게 뭐야? 어떤 조각은 크고 어떤 조각은 작고! 이렇게 삐뚤게 자르면 어떡해?"

각도와 비례를 알면 나도 마술사

  마지선과 오주가 티격태격하는 모습을 보고 세리가 큼직한 각도
기를 가져왔다.

  "뭐야, 각도기 아냐? 누가 각도기까지 갖다 놓고 피자를 자르니?"

  오주는 어이없다는 듯이 피식 웃었다. 하지만 마지선은 흥미로
운 눈빛을 띠며 입을 열었다.

  "호호. 세리 너 센스 있다? 어디 각도기로 한번 재 보자!"

  각도기로 피자의 오른쪽 조각들을 재어 보니, 가장 위에 있는 것
부터 시계 방향으로 36°, 63°, 54°, 27°였다.

  "어차피 피자 가운데를 중심으로 대칭이니까, 왼쪽에 있는 나머

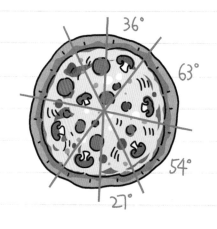

지 네 조각도 같은 각도일걸?"

"이거 꼭 학교에서 배운 원그래프를 보는 것 같아요. 1부터 100까지 5%마다 눈금이 그어져 있는 원그래프를 채우는 거요."

"하하. 듣고 보니까 그렇네? 그럼 이 조각들은 각각 몇 %일까?"

마지선과 세리의 이야기를 듣고 있던 오주가 투덜거렸다.

"선생님, 피자 다 식어요."

그러나 마지선은 이미 세리와의 대화에 집중하고 있었다.

"원의 반이면 각도가 180°잖아. 여기에 5%씩 눈금을 긋는다면 몇 도마다 눈금이 생기지?"

"360°가 100%면 180°는 50%니까……."

"180을 10으로 나누면 되겠다, 그렇지? 그럼 원그래프 안에서 5%는 18°네. 그렇다면 이 조각들은 각각 몇 %인 걸까?"

"일단 36°짜리 조각은 18°의 두 배니까 5%의 두 배인 10%예요."

"나머지 조각은 그럼 18로 나눈 다음 5를 곱하면 되겠네."

각도(°)	36	63	54	27
백분율(%)	10	17.5	15	7.5

각도와 비례를 알면 나도 마술사

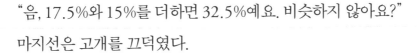

"피자를 공평하게 나누려면 한 사람 앞에 3분의 1씩 피자가 있어야 하는데……."

세리는 1을 3으로 나누어 보았다. 그랬더니 '0.333333……'으로 3이 끝도 없이 계속 이어졌다.

"그럼 대략 0.33으로 33% 정도씩 돌아가면 공평한 거지?"

"음, 17.5%와 15%를 더하면 32.5%예요. 비슷하지 않아요?"

마지선은 고개를 끄덕였다.

"나머지 조각을 더하면 17.5%이고 같은 조각이 두 개씩 있으니까 합치면 35%."

"그럼 이렇게 나누면 되겠네요."

순환소수

1을 3으로 나누면 '0.333333……'으로 소수점 뒤로 3이 끝없이 이어지면서 나누어떨어지지 않습니다. 또 1을 7로 나누어 보면 '0.142857142 857142857……'으로 소수점 뒤로 142857이 계속 되풀이됩니다. 이렇게 같은 숫자의 배열이 계속 되풀이되는 소수를 순환소수라고 합니다. 끝없이 계속되는 순환소수는 $\frac{1}{3}$, $\frac{1}{7}$ 처럼 분수로 나타낼 수 있습니다.

4. 정말로 힘들게 피자를 나눠 먹는 방법

　"그러면 한 사람에게 돌아가는 양이 조금 더 많은데 누구에게 주지?"

　"오주 오빠에게 주세요. 우리 중에서 가장 키도 크고, 몸집도 크잖아요. 그리고 피자도 사러 갔다 왔고요."

　"그래, 오주가 제일 많이 먹어라! 이제 먹자!"

　"잘 먹겠습니다!"

　오주는 자기 몫의 피자를 한 입 크게 베어 물더니 실망스러운 얼굴로 투덜거렸다.

　"이것 봐요. 다 식었잖아요. 정말 피자 먹기 힘드네."

각도와 비례를 알면 나도 마술사

"그러니까 애초에 잘 잘랐어야지! 아니면 피자를 사 올 때 확인을 하든지!"

마지선과 오주가 티격태격하는 모습을 보면서 세리는 속으로 생각했다.

'피자 나눠 먹기 참 힘들었어. 하지만 수업 시간에는 그렇게 재미없던 수학과 과학을 이런 식으로도 써 볼 수 있다니 재미있네.'

마술 퀴즈 ④

> 어는점 밑으로 온도가 내려가도
> 액체가 얼지 않는 현상을 과냉각이라고 합니다.
> 이와 반대로 끓는점 위로 온도가 올라가도 액체가
> 끓지 않는 현상도 있습니다. 이를 무엇이라고 말할까요?

4. 정말로 힘들게 피자를 나눠 먹는 방법

5

공중에
둥둥 뜨는 상자

"언니, 오늘은 어떤 마술을 하실 건가요?"

"오늘은 물건이 공중에 뜨는 마술을 해 보려고."

마지선은 세리에게 사무실 한쪽에 있는 작은 무대를 보여 주었다.

"와, 여기에도 무대가 있네요!"

"마술 연습을 하려면 작더라도 무대가 있는 게 좋으니까. 한번 볼래?"

세리는 오주와 함께 작은 무대의 관객이 되어 마지선의 마술을 보았다. 무대에는 작은 테이블 위에 평범해 보이는 골판지 상자가 놓여 있었다. 마지선이 상자 위에 놓은 손을 천천히 들어 올리자 마치 그녀의 손에 찰싹 달라붙어 있기라도 한 것처럼 상자가 위로

각도와 비례를 알면 나도 마술사

떠오르기 시작했다.

골판지 상자는 거의 마지선의 어깨 높이까지 둥실둥실 떠올랐다. 마지선이 완전히 손을 뗀 뒤에도 상자는 여전히 공중에 떠 있었다. 마지선은 상자의 위아래로 손을 통과시켜 상자 주위에 끈이나 줄이 전혀 없음을 보여 주었다. 잠시 후 마지선이 손을 아래로 내리자 상자는 이번에도 그녀의 손을 따라 천천히 테이블 위로 내려앉았다.

"우와! 어떻게 한 거예요? 상자 좀 봐도 돼요?"

세리는 상자 속에 어떤 장치가 있는지 확인했다. 그러나 그냥 평범한 골판지 상자였다.

"어라? 상자에는 분명히 아무것도 없는데 어떻게 상자가 공중에 둥둥 뜰 수 있죠? 너무 신기해요!"

"과연 어떻게 했을까? 음, 아마 세리가 과학 시간에 배운 것 중에 힌트가 있을 거야."

세리는 과학 시간에 배운 것들을 골똘히 생각해 보았다. 하지만 상자를 공중에 띄우는 과학 법칙 같은 건 떠오르지 않았다.

"아, 참! 선생님, 저 잠깐 나갔다 올게요."

"오주! 또 어딜 가려고? 들어온 지 얼마나 됐다고?"

"아, 그게…… 제가 오늘 몸살이 있는 것 같아서 병원에 다녀오려고요."

"아무리 봐도 멀쩡해 보이는데 무슨 몸살이야?"

"진짜라니까요. 조금 전부터 갑자기 열이 오르고……. 아무튼 저 좀 다녀올게요."

서둘러 나가는 오주의 뒷모습을 보면서 마지선은 한숨을 내쉬었다. 세리는 여전히 골판지 상자에 푹 빠져 있었다. 상자가 어떻게 공중에 뜰 수 있었는지 알아내려고 세리는 상자를 이리저리 뜯어보았다. 하지만 딱히 이상한 점은 발견하지 못했다.

'상자가 뭔가 조금 무거운 것 같아.'

종종 부모님이 인터넷으로 산 물건이 집으로 배달되곤 하는데, 물건을 꺼내고 남은 상자는 세리가 밖으로 가지고 나가 재활용 쓰레기 함에 버렸다. 그 상자들과 무게를 비교하면 이 상자는 어딘가 무겁게 느껴졌다.

세리는 다시 한번 상자를 유심히 살펴보았다. 그랬더니 상자 아래쪽의 골판지가 조금 더 무거웠다. 상자 안에 뭔가가 숨겨져 있는 것 같았다.

"뭐 좀 찾아낸 거 있니?"

각도와 비례를 알면 나도 마술사

"음, 이 상자는 보통 골판지 상자보다 조금 무거운 것 같아요. 특히 아래쪽이요."

"그래? 그냥 기분 탓 아닐까?"

세리는 뭐라고 말하면 좋을지 고민했다. 마지선의 말이 맞을지도 모르기 때문이다.

마지선은 똑같은 크기의 골판지 상자를 하나 더 가져왔다.

"자, 상자 두 개의 무게가 정말 차이 나는지 확인해 봐."

세리는 두 상자를 한 번씩 들어 보았다.

"아무래도 아까 둥둥 떴던 상자가 더 무거운 것 같은데요?"

마지선도 두 상자를 한 번씩 들어 보더니 고개를 갸우뚱했다.

"나는 둘 다 똑같은 것 같은데?"

세리는 주위를 두리번거렸다. 분명히 마술에서 공중에 둥둥 떴던 상자가 더 무거운데, 이를 어떻게 증명할 수 있을까? 열심히 도구 상자들을 둘러보았지만 저울은 보이지 않았다. 그러다 뭔가를 발견한 세리가 눈을 반짝였다.

"그걸로 뭘 하려고? 그건 용수철이잖아."

"네, 이걸로 상자 무게를 비교해 보려고요."

세리는 마술에 사용했던 상자를 용수철의 한쪽 끝에 걸고, 다른 쪽 끝은 테이블에 걸었다. 마지선은 세리의 모습을 호기심 어린 눈빛으로 지켜보았다.

A가 늘어난 길이

B가 늘어난 길이

"옳지. 여기까지 늘어졌어."

세리는 용수철이 늘어난 길이를 테이블 다리에 연필로 표시했다. 그러고는 다른 상자로 똑같이 용수철이 늘어난 길이를 재 보았다. 용수철의 길이는 조금 전보다 약간 짧았다.

"보세요. 아까 마술에 썼던 상자를 매달았던 용수철이 조금 더 길게 늘어났어요! 제 말이 맞죠? 이 상자가 조금 더 무겁다고요."

마지선이 짝짝짝 박수를 쳤다.

"와, 제법인걸? 그런 방법까지 다 생각해 내고."

"이 정도는 학교에서도 배운다고요."

"그럼 아까 마술에 썼던 상자가 얼마나 더 무거운지도 계산할 수

각도와 비례를 알면 나도 마술사

있겠네?"

"얼마나 더 무거운지…… 요?"

세리는 테이블 다리에 표시해 두었던 용수철이 늘어난 길이를 자로 재 보았다. 평범한 상자는 15cm, 마술에 사용했던 상자는 16.2cm였다.

"무거운 쪽이 1.2cm 더 늘어난 거니까…….'

세리는 이럴 때 '얼마나 더 무거운지'를 어떻게 표현하면 좋을지 고민했다. 이 용수철로는 g이나 kg 단위로 무게를 알아낼 수 없기 때문에 'B가 A보다 10% 더 무겁다'와 같이 백분율로 나타내야 할 것 같았다. 그런데 세리는 아직 학교에서 전체 중에서 각각이 차지하는 비율을 구하는 방법만 배웠다. 세리가 쉽게 답을 찾지 못하고 주저하자 마지선이 입을 열었다.

"이렇게 시작해 봐. 용수철을 15cm 늘어나게 한 물체보다 10%가 더 무거운 물체를 매달았을 때, 용수철은 얼마나 늘어날까?"

"10%를 소수로 표현하면 0.1이에요. 그렇죠? 15에 0.1을 곱하면 1.5이고, 15에 1.5를 더하면 16.5가 되니까 16.2cm는 원래 상자 무게의 10%보다 적게 늘어난 거예요."

"맞아. 그럼 1%라면 어떻게 될까?"

"1%는 0.01이니까 15cm의 1%는 0.15cm이고, 1%가 늘어난 길이는 15.15cm가 돼요. 맞죠?"

"딩동댕! 자, 그럼 이제 답을 구해 보자. 가벼운 물체를 매달았을 때와 무거운 물체를 매달았을 때의 차이, 그러니까 1.2cm를 0.15cm로 나누면 어떻게 되겠니?"

세리는 머리를 긁적였다. 소수를 자연수로 나누는 것은 학교에서 배웠지만 소수를 소수로 나누는 것까지는 아직 배우지 않았다.

"소수를 소수로 나누는 게 어려운 거지? 그러면 소수를 분수로 고쳐서 계산하면 어때?"

세리는 마지선의 이야기대로 계산해 보았다.

$$1.2 \div 0.15 = \frac{12}{10} \div \frac{15}{100} = \frac{12}{10} \times \frac{100}{15}$$

"두 분수를 약분하면 $\frac{6}{5}$ 곱하기 $\frac{20}{3}$ 이 되니까, 답은 8이에요."

$$\frac{6}{5} \times \frac{20}{3} = \frac{120}{15} = \frac{40}{5} = 8$$

"그래, 용수철이 0.15cm 늘어날 때마다 1%씩 무거워진다는 걸 아까 알았지."

"그럼 방금 계산한 답인 8은 8%인 거네요. 아까 공중에 떠 있던

각도와 비례를 알면 나도 마술사

상자가 일반 상자보다 8% 더 무거운 거예요.”

"바로 그거야! 하하.”

"그나저나 골판지 안에 분명히 뭔가 숨겨져 있는 것 같은데…….
종이를 찢어서 확인해 볼 수도 없고.”

"에이, 그건 안 되지. 잘 생각해 봐. **중력**이 뭔지는 배웠지?”

"네, 지구가 물체를 끌어당기는 힘 말이죠?”

"그래, 이 중력이 물체에 무게를 주는 거야. 아까 용수철이 늘어난 것

지구가 물체를 끌어당기는 힘 때문에 무게가 생긴다.

5. 공동에 둥둥 뜨는 상자

도 결국은 지구가 상자를 끌어당기는 중력 때문이지."

"그렇구나. 그럼 무거운 물체는 지구가 잡아당기는 힘이 더 강한가요?"

"옳지! 바로 그거야. 그래서 상자를 들고 있다가 손을 놓으면 상자가 아래로 떨어지는 거야. 아까 마술에 썼던 상자를 든 상태에서 손을 놓아 봐."

세리는 상자를 들고 주저했다.

"괜찮아. 그냥 손을 떼 봐."

세리가 손을 놓자 상자는 바닥으로 떨어졌다.

"그게 자연스러운 거잖아, 안 그래?"

"그럼 테이블 위에서만 둥둥 뜨는 거예요?"

세리는 상자를 테이블 위에서 떨어뜨려 보았다. 조금 전과 마찬가지로 상자는 곧바로 테이블 위로 떨어졌다.

"에이, 마술을 너무 쉽게 생각하는 거 아니니?"

마지선이 피식 웃었다.

"중력 때문에 상자가 아래로 떨어지잖아. 그러니까 공중에 둥둥 떠 있으려면 뭔가 위로 밀어 올리는 힘이 있어야 하지 않을까?"

세리는 다시 상자를 살펴보았다. 그런데 상자 밑바닥에 클립이 붙어 있었다. 상자를 떨어뜨렸을 때 바닥에 있던 클립이 상자에 붙은 듯했다. 상자에 붙은 클립을 떼려고 손가락에 힘을 주자 클립

각도와 비례를 알면 나도 마술사

이 상자에서 떨어지지 않으려는 힘이 느껴졌다. 세리가 클립을 놓았을 때 클립은 상자에 가서 찰싹 달라붙었다. 상자를 톡톡 두드려 보니 상자의 아래쪽 종이가 단단한 느낌이 들었다.

"언니, 이거 혹시…… 자석 아닌가요?"

"바닥에 떨어져 있던 클립 덕분에 생각보다 빨리 알아냈는걸."

골판지는 두 겹으로 만들어진 종이 사이에 파도 모양의 심이 있었다. 아무래도 이 마술 상자의 바닥은 파도 모양의 심 사이사이에 얇은 자석을 박아 넣어 만든 특수한 골판지로 만들어진 것 같았다.

자석은 같은 극끼리 만나면 서로 밀어낸다.

5. 공동에 둥둥 뜨는 상자

자석은 쇠붙이를 끌어당기는 힘이 있다. 그리고 다른 극끼리는 끌어당기지만 같은 극끼리는 밀어내는 성질이 있다. 세리는 만약 자석이 모두 같은 극끼리 아래로 향하도록 상자에 들어 있고, 그와 같은 극의 강한 자석이 테이블에도 있다면 상자를 위로 밀어 올려 공중에 띄울 수도 있겠다는 생각이 들었다.

하지만 테이블에 자석 같은 건 없는 것 같았다. 왜냐하면 상자는 테이블 위로 바로 떨어졌기 때문이다. 세리는 다시 한번 상자를 테이블 위에 떨어뜨려 보았다. 그런데 이번에는 상자가 떨어지지 않고 공중에 둥둥 떠 있는 게 아닌가!

"어? 이, 이게 어떻게 된 거지?"

세리는 깜짝 놀라 마지선을 돌아보았다. 마지선은 빙긋이 웃고 있었다.

"오우! 세리도 이제 마술사인걸? 상자를 둥둥 띄웠잖아."

"하지만 전 아무것도 한 게 없는데요? 아까는 상자가 그냥 테이블 위로 떨어졌잖아요."

"이렇게?"

공중에 떠 있던 상자가 갑자기 테이블 위로 떨어졌다.

"어? 이건 또 어떻게 된 거지?"

"그러니까 마술이지, 안 그래?"

세리는 곰곰이 생각하더니 자신 있는 표정으로 말했다.

각도와 비례를 알면 나도 마술사

"이제 알겠어요! 테이블에 전자석이 들어 있는 거죠?"

"전자석?"

"네, 과학 실험 시간에 **전기를 넣으면 자석이 되고 전기를 끊으면 자석이 되지 않는 전자석** 관련 실험을 한 적이 있거든요."

세리는 테이블 안에 전자석이 설치되어 있고 몰래 리모컨으로 전기를 통하게 하면 전자석이 상자를 밀어내는 거라고 설명했다.

"제법인데? 전자석을 사용하는 건 맞았어. 하지만 상자가 어떻게 천천히 올라가고 내려갈 수 있을까?"

테이블 위 상자가 기우뚱하더니 휙 빠르게 위로 떴다가 다시 테

이블에 툭 떨어졌다. 마치 상자를 잡고 있던 손을 놓았을 때와 비슷했다.

"음, 그건……."

세리는 쉽게 답을 내지 못했다.

마지선은 세리에게 리모컨을 건네주었다.

"자, 너도 한번 해 봐."

세리가 리모컨의 위쪽 버튼을 눌렀다. 상자는 별 반응이 없었다. 그런데 버튼을 몇 번 더 누르자 상자가 꿈틀거리기 시작했다. 그리고 다시 몇 번 더 버튼을 누르니 상자가 천천히 떠올랐다.

"이 리모컨으로 상자가 떠오르는 속도를 조절할 수 있는 거군요. 전자석의 세기를 조절할 수 있는 거죠?"

세리가 아래쪽 버튼을 몇 번 눌렀다. 상자는 천천히 테이블로 내려앉았다.

"맞아. 전자석의 세기를 어떻게 조절하는 건지는 알고 있어?"

"학교에서 건전지를 직렬로 연결하면 전구가 밝아지는 실험을 했어요. 그거랑 비슷한가요?"

"그렇지, 직렬로 연결하면 전압이 높아지니까. 건전지에 '1.5V'나 '6V'같은 표시가 있는 걸 본 적 있지? 그게 전압이야. 1.5V짜리 건전지 두 개를 직렬로 연결하면 전압은 3V가 되지."

"그럼 이 리모컨으로 전압을 조절할 수 있는 거예요?"

각도와 비례를 알면 나도 마술사

"아니, 전류를 조절하는 거야."

"전류요?"

"전기의 힘을 좌우하는 건 크게 전압과 전류라고 할 수 있어. 전기는 눈에 보이지는 않지만 물의 흐름과 비슷한 성질이 있거든."

"물의 흐름이라면⋯⋯."

"예를 들어 물은 높은 곳에서 쏟을수록 더 세차게 쏟아져. 그렇지?"

세리는 고개를 끄덕였다.

"그걸 전압이라고 보면 돼. 전류가 양극(+)에서 음극(-)으로 흐르는 건 알고 있잖아? 그 차이가 얼마나 크냐가 전압이야."

"그럼 전류는요? 전기의 흐름을 이야기하는 거잖아요."

"맞아. 그런데 전류도 많이 흐르는지 적게 흐르는지를 나눌 수 있어. 호스로 물을 뿌릴 때, 호스가 굵을수록 더 많은 물이 나오는 걸 생각해 봐."

"그럼 굵은 전기선을 쓸수록 전류가 더 많이 흐르는 거예요?"

"그럴 수도 있지만 어떤 재료를 쓰는지, 저항이 어느 정도인지에 따라 차이가 있지."

"저항이요?"

"응. 여기서 저항이라는 건 쉽게 말해 전류가 잘 흐르지 못하도록 하는 거야. 물이 나오는 호스의 가운데를 누르면 처음보다 물이

덜 나오는 것처럼."

"그럼 전선을 손으로 누르면 전류가 덜 흐르나요?"

"그건 아니지. 하지만 저항을 조절하는 여러 가지 물질이 있기 때문에 그걸로 전류의 흐름을 조절할 수 있어. 네가 들고 있는 리모컨이 하는 일도 저항을 조절하는 거야."

"그럼 저항을 높일수록 전류가 덜 흐르겠네요?"

"맞아. 반대로 저항을 낮추면 전류는 더 많이 흐르지. 그러면 전자석의 힘이 더 세지는 거야."

각도와 비례를 알면 나도 마술사

"그렇게 해서 상자를 띄우거나 내리는 속도를 조절할 수 있는 거군요! 그런데 높이는 어떻게 조절해요? 상자가 어느 정도 높이까지 올라가면 멈춰서 둥둥 떠 있잖아요."

"그건 전자기력의 세기를 계산해 봐야지."

"윽, 계산이요?"

계산이라는 말에 세리가 몸을 움츠렸다.

"에이, 간단해! 생각해 봐. 자석의 힘이라는 게 물체가 아무리 멀어져도 언제까지나 영향을 미치는 건 아니잖아. **자석의 힘은 물체까지의 거리의 제곱에 반비례해.**"

"제곱이 뭐예요?"

"같은 수를 두 번 곱해서 나온 값을 말해. 2의 제곱은 2에 2를 곱한 4이고, 3의 제곱은 3에 3을 곱한 9, 5의 제곱은……."

"5 곱하기 5를 해서 나오는 수인 25 맞죠?"

"정답! 그래서 거리의 제곱은 '거리 곱하기 거리'를 계산해서 나온 값이지. 그렇다면 자석의 힘이 거리의 제곱에 반비례한다는 건 무슨 뜻일까? 예를 들어, 거리가 1일 때 자석의 힘이 1이라고 해 보자. 그런데 거리가 2가 되니까 자석의 힘이 4분의 1이 됐어. 그렇다면 거리가 4일 때 자석의 힘은 얼마일까?"

"음, 거리가 4이면 4의 제곱은 4를 두 번 곱한 16이고, 거기에 반비례한다는 건 역수로 비례하는 거니까…… 16분의 1?"

95

"너 수학 못한다는 거 사실이야? 정답을 척척 잘 말하는데?"

생각해 보니 그랬다. 막힘없이 대답하는 건 아니지만 그래도 마지선이 낸 문제를 세리는 어떻게든 풀고 있었다. 이유가 뭘까? 학교나 집에서 수학 문제를 풀 때와는 달리 세리는 마지선과 함께하면 한 번에 한 문제씩 집중할 수 있었다.

"자석의 힘은 거리의 제곱에 반비례하니까 거리가 멀어질수록 힘이 줄어드는 폭은 더욱 커져. 그래서 결국 중력이 상자를 땅으로 끌어당기는 힘과 자석이 상자를 밀어내는 힘이 딱 균형을 이루면 상자가 공중에 둥둥 뜬 상태가 되는 거야."

"그럼 그 균형은 어떻게 계산해요?"

"정말 계산만으로 다 풀어내려면 힘들지. 그렇지만 일단 균형을 찾아내면 그다음에는 더 높이 혹은 더 낮게 띄우는 방법을 어렵지 않게 계산할 수 있어."

"그런가요?"

"응. 아까 본 것처럼 전자석의 힘은 거리에는 반비례하는데 전류에는 비례하거든. 전류를 두 배로 주면 전자석의 힘이 두 배가 되는 거야. 저항을 줄이면 전류가 그만큼 늘어나거든."

세리는 고개를 끄덕였다.

"그럼 지금보다 상자를 두 배 높이 띄우려면 전류를 얼마나 더 세게 줘야 할까?"

세리는 곰곰이 생각해 보았다. 만약 지금보다 상자를 두 배 높게 띄울 경우, 자석의 힘은 거리의 제곱($2 \times 2 = 4$)에 반비례해서 4분의 1로 줄어든다.

"그러면 전류를 네 배 높여야겠네요."

"맞아. 그래서 이 리모컨으로 적당히 전자석의 세기를 조절해 주는 거야."

"그럼 사람을 공중에 띄울 수도 있어요?"

마지선은 고개를 끄덕였다.

"물론 가능하지. 하지만 세리의 몸무게만 해도 이 상자보다는 훨

97

씬 무거우니까 전자석의 힘도 훨씬 강해야겠지?"

"마술사들은 다 이렇게 전자석으로 물건을 띄우는 거죠?"

"글쎄, 그렇다면 조금 재미없겠지? 마술사들이 진짜 무대에서 보여 주는 마술은 훨씬 복잡해. 사람들이 쉽게 트릭을 눈치채면 안 되니까 말이야."

"언니도 마찬가지겠네요."

"물론이지. 나도 계속해서 더 복잡하고 까다로운 트릭을 연구하고 연습해야 해. 마술사들이 왜 과학이나 수학을 잘 알아야 하는지 이제 조금 이해가 되니?"

각도와 비례를 알면 나도 마술사

당연했다. 마지선을 만난 이후로 세리는 마술에 숨어 있는 많은 과학과 수학 개념을 알게 되었고, 여러 가지 문제를 풀기 위해 학교에서 배운 내용을 최대한 활용했다. 게다가 틈틈이 공부도 했다. 세리의 엄마도 이제는 더 이상 세리에게 공부하라는 이야기를 하지 않을 정도였다.

"가만, 지금이 몇 시지?"

마지선이 시계를 올려다보곤 한숨을 쉬었다.

"오주 이 녀석, 병원이 바로 코앞인데 오래 걸리네."

"많이 아픈 걸까요?"

"그랬다면 아마 전화 한 통 하고선 아예 나타나지도 않았을 거야. 병원을 핑계로 또 어딘가 딴짓하러 간 거겠지. 요즘 들어 이 녀석 도대체 왜 이러는 거야? 다음 주에 공연이 있어서 자꾸 이러면 곤란한데……."

"다른 사람이라도 찾아봐야 하나요?"

"새로운 사람을 구하면 다시 처음부터 가르치고 연습시켜야 하는데 당장은 어려워. 그래도 오주하고 몇 년을 함께 일해서 그 녀석이 웬만한 건 척 하면 알거든."

"마술사와 조수는 호흡이 정말 잘 맞아야 하나 봐요."

"당연하지. 아까 상자를 띄운 마술에서도 내 움직임에 맞춰 오주가 전자석을 조절한 거라고."

"네? 정말이요?"

"바로 옆에 있는데도 몰랐지? 조수도 사람들이 눈치채지 못하도록 보조를 잘해야 해."

"혹시 제가 도와드릴 건 없을까요?"

"네가?"

"다음 주 공연에서 작은 거라도 제가 언니를 도울 수 있는 게 있을까 해서요."

"아냐, 괜찮아!"

"혹시 제가 어려서 별로 도움이 되지 않을 거라고 생각하는 거예요?"

마지선은 당황해서 손을 내저었다.

"그런 게 아니라……. 알았어, 그럼 구경이라도 하는 셈 치고 와. 대신 약속할 게 있어."

세리는 신나서 눈을 크게 떴다.

"뭔데요, 뭔데요?"

"내가 마술 쇼에서 쓰는 트릭을 알려고 하면 안 돼, 알았지? 물론 알아도 되는 건 내가 설명해 줄 거야. 하지만 마술의 비밀이 궁금하다고 해서 알려 주지 않은 걸 무리하게 알아내려고 하면 안 돼."

진지한 얼굴로 말하는 마지선을 향해 세리는 조용히 고개를 끄덕였다.

각도와 비례를 알면 나도 마술나

"그건 마술사들의 세계에서는 절대적으로 지켜야 할 규칙이야. 그리고 마술은 때로는 위험해서 괜한 호기심 때문에 사고가 일어날 수도 있거든. 약속할 수 있지?"

"네!"

세리는 다시 한번 고개를 끄덕였다.

마술 퀴즈 5

> 마지선은 전자석의 힘, 즉 전자기력을 이용해서
> 물건을 공중에 띄울 수 있습니다.
> 그렇다면 비행기는 어떤 힘을 이용해서 공중에 뜰까요?

5. 공중에 둥둥 뜨는 상자

6

커다란 실수 그리고
마지선의 비밀

'으악, 시간에 맞춰 갈 수 있을까?'

버스 안에서 세리는 안절부절못했다. 생각보다 길이 많이 막혀서 버스가 좀처럼 속도를 내지 못하고 있었다. 공연은 오후 7시부터 시작이지만 그 전에 마지선의 연습을 도와주기로 했기 때문에 세리는 오후 2시까지 공연장에 도착해야 했다.

'지금이 1시 20분이니까 40분 안에 공연장까지 가야 하는데, 이렇게 길이 막혀서는 제시간 안에 못 갈지도 몰라. 이럴 줄 알았으면 지하철을 타는 건데.'

세리는 스마트폰을 꺼내서 지도 앱을 열었다. 지금 있는 위치에서 공연장까지의 거리가 얼마인지 살펴보니 4.8km였다.

각도와 비례를 알면 나도 마술사

'1시 50분 전에 버스에서 내려야 2시까지 공연장에 도착할 수 있을 텐데.'

그러려면 세리가 탄 버스는 30분 동안 4.8km를 가야 했다.

'얼마나 빨리 달려야 할지 계산해 볼까? 먼저 60분(1시간)은 30분의 두 배이고, 4.8km의 두 배는 9.6km이니까 버스가 시속 9.6km로 달리면 늦지 않고 도착할 수 있어.'

세리는 어느덧 어떤 일이든 계산으로 풀어 보는 습관이 조금씩 생겼다. 시내 도로의 제한 속도는 시속 50km이기 때문에 길만 막히지 않는다면 아주 여유 있게 도착할 수 있다. 하지만 버스는 좀처럼 움직이지를 못했다.

'다음 정류장에 내려서 지하철을 타면 어떨까? 버스에서 내려서 역으로 들어간 다음 지하철을 기다렸다가 타는 시간, 지하철로 공연장에서 가까운 역까지 가는 시간, 지하철에서 내려서 역 바깥으로 나오는 시간까지 하면……. 아냐, 늦을 거야.'

세리는 점점 초조해졌다. 다행히 신호가 바뀌자 버스가 움직이기 시작했다. 하지만 곧 다음 정류장에 멈춰서 사람들을 태웠다. 세리는 다음 열 번째 정류장에서 내려야 했다.

버스가 다시 출발하고 다음 정류장까지는 2분 40초가 걸렸다. 그리고 두 번째 정류장까지는 2분 20초가 걸렸다. 세 번째 정류장까지는 3분 20초, 네 번째 정류장까지는 3분 10초가 걸렸다. 초조

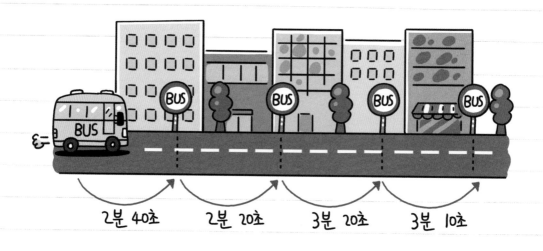

2분 40초   2분 20초   3분 20초   3분 10초

하게 시간을 재던 세리의 머리에 뭔가가 떠올랐다.

'이걸 가지고 평균 속도를 구해 볼 수 있지 않을까?'

버스가 네 정류장을 이동한 시간을 모두 합하면 11분 30초였다.

'11분 30초는 11.5분이라고 바꿔서 표현할 수 있으니 이걸 4로 나누면…… 정류장 하나를 이동하는 시간은 평균 2.875분이네? 그럼 나머지 여섯 개 정류장을 이동하는 데는 2.875분의 여섯 배인 17.25분이 걸린다는 말이야. 그리고 지금까지 걸린 시간인 11.5분에 앞으로 걸릴 시간인 17.25분을 더하면 총 28.75분이까 30

$$
\begin{array}{r}
2.875 \\
4\ )\overline{\ 11.5\ } \\
8 \\
\hline
3\,5 \\
3\,2 \\
\hline
30 \\
28 \\
\hline
20 \\
20 \\
\hline
0 \\
\end{array}
$$

각도와 비례를 알면 나도 마술사

분이 조금 안 걸리네. 휴, 다행이다.'

세리는 안도의 한숨을 내쉬었다. 그 뒤로 다행히 버스가 조금 더 속도를 내기 시작했고, 세리는 제시간에 도착할 수 있었다.

공연장은 한참 준비로 바쁜 상태였다. 마지선은 무대 한가운데에 서 있었다.

"언니, 저 왔어요!"

하얀빛이 마지선을 둥근 원 모양으로 비추고 있었다. 공연 연습을 하고 있던 마지선은 눈만 찡긋하여 인사를 대신했다.

"저한테 오는 스폿 조명이 조금 퍼져 있는데 좀 더 모아 주시겠어요?"

마지선의 말에 그녀를 비추고 있던 원의 크기가 작아지면서 하얀빛이 조금 더 밝아졌다.

"네, 좋아요. 딱 그 정도로 해 주시고요. 워시 한번 켜 주세요."

무대 전체가 노란빛으로 물들었다.

"노란빛이 너무 많이 들어갔어요. 조금 빼 주세요."

마지선의 요구에 따라 무대 전체를 밝히는 빛에서 노란 느낌이 줄어들었다.

"조금 더, 조금 더……. 네, 지금이 딱 좋네요. 일단 조명은 이 정도로 마무리할게요. 잠깐 쉴까요?"

마지선이 세리에게 다가왔다.

105

"시간 맞춰 왔네."

"차가 막혀서 늦는 줄 알고 얼마나 조마조마했는데요."

"그랬구나. 고생했네! 어쨌든 시간 맞춰 왔으니까 일단 조수로서
는 합격!"

"헤헤, 감사합니다."

"그런데 오늘따라 피곤해 보이네. 무슨 일 있었니?"

"처음 이런 일을 해 본다고 생각하니까 설레서 잠을 설쳤어요."

"이런, 피곤하겠다. 괜찮겠어?"

"물론이죠! 그런데 아까 신기했어요. 언니 말에 따라 빛이 넓어

각도와 비례를 알면 나도 마술사

졌다 좁아졌다 하고 색깔도 바뀌고…… 마치 마술 같았어요."

"조명을 조절하는 건 처음 봤구나?"

"그런데 아까 스폿? 워시? 그런 건 뭐예요?"

"아, 스폿은 무대의 어느 한 부분을 집중해서 밝혀 주는 조명이고, 워시는 무대 전체를 밝혀 주는 조명이야. 뭐랄까, 배경이라고 하면 적당하려나?"

세리는 고개를 끄덕였다.

"그런데 스폿 조명은 어떻게 넓어졌다 좁아졌다 하는 거죠?"

"렌즈를 사용하면 되지. 학교에서 볼록렌즈로 이것저것 해 보지 않았어?"

"아!"

세리는 볼록렌즈로 빛을 모으는 실험을 떠올렸다. 볼록렌즈로 빛을 모아 얇고 검은 종이에 비추면 종이를 태울 수도 있었다.

"빛을 내는 전구 앞에 렌즈를 놓고 전구와 렌즈 사이의 거리를 조절하면 빛을 모을지 퍼뜨릴지 조절할 수 있어."

"윽, 빛을 모으면 엄청 뜨겁잖아요? 돋보기로 햇빛을 모으면 종이도 태울 수 있는데……."

"햇빛 정도로 심하진 않아. 하지만 계속 빛을 받으면 덥긴 하지."

공연장 안은 냉방이 잘되어 있어 시원한데도 마지선의 얼굴에는 땀이 흐르고 있었다.

"아, 세리 왔구나. 선생님, 다음 연습 들어갈까요? 맞춰 볼 게 두 개 정도 더 남았어요."

오주가 다가왔다. 오주는 오늘 쇼의 진행 순서가 적힌 종이를 들고 있었다.

"그래, 빨리 연습 끝내고 공연 전에 식사라도 하며 좀 쉬어야지."

"다 좋은데 제발 피자는 시키지 말아 주세요!"

세리의 외침에 마지선과 오주는 크게 웃음을 터뜨렸다.

공연 시작 30분 전, 관객들이 공연장으로 들어오기 시작했다. 그때 갑자기 무대 뒤편에 있던 오주가 얼굴을 찡그렸다.

"아! 왜 이러지? 배가……."

"오주 오빠, 어디 아파요?"

각도와 비례를 알면 나도 마술사

"아까 먹은 게 뭐가 잘못되었는지 배탈이 난 것 같아."

세리가 재빠르게 대기실에 있던 마지선에게 사실을 알렸다.

"뭐? 정말이야?"

"네, 꾀병은 아닌 것 같은데요. 정말 아파 보였어요."

"큰일이네. 오주가 도와줘야 할 게 한두 가지가 아닌데……."

"어떡하죠?"

"빨리 가라앉기를 바라야지. 혼자서 할 수 있는 건 내가 어떻게든 해결하고."

마지선은 생각에 잠겼다.

"그런데 혼자서 하기 힘든 게 있는데……."

"뭔데요?"

"사람이 사라지는 마술이야."

"네? 사람이 사라져요?"

"원래는 오주가 해 줘야 하는데, 네가 좀 도와주지 않을래?"

"그러니까, 제가 사라지는 거예요?"

막이 오르고 화려한 조명과 함께 무대에 마지선이 모습을 드러내자 박수갈채가 터졌다. 오주가 갑자기 배탈이 나는 바람에 일이 좀 꼬이긴 했어도 마지선은 하나하나 침착하게 마술 쇼를 이어 나갔다. 환상적인 마술 쇼에 분위기가 점점 달아오르고, 드디어 사람이 사라지는 마술을 할 차례였다.

"오늘은 아주 특별한 손님이 무대로 올라올 거예요!"

마지선이 세리를 소개하자 관객들의 박수가 쏟아졌다. 세리는 떨리긴 했지만 용기를 내 무대로 걸어 나왔다.

"아마 20년쯤 후에는 제가 아니라 이 꼬마 마술사가 여러분에게 멋진 마술을 보여 드릴지도 몰라요. 오늘은 우리 꼬마 마술사와 함께 마술을 보여 드릴게요!"

마지선은 커다란 상자를 무대 한가운데로 가지고 왔다. 그리고 상자의 문을 열어 세리를 안으로 들어가게 했다. 상자는 세리가 들어가고 나면 남는 공간이 없을 만한 크기였다. 세리가 완전히 상자

각도와 비례를 알면 나도 마술사

안에 들어가자 마지선이 상자의 문을 닫고 커다란 철판을 상자에 대각선으로 꽂아 넣었다. 관객들은 깜짝 놀랐다. 그중에는 소리를 지르는 사람들도 있었다.

마지선은 철판을 꽂은 상자를 한 바퀴 빙 돌려서 무대에 상자 말고는 아무것도 없다는 것을 관객에게 확인시킨 다음 상자에서 철판을 빼냈다. 과연 세리는 무사할지 관객들이 숨을 죽이고 지켜보았다.

마지선이 상자의 문을 열었을 때, 상자 안은 텅 비어 있었다. 원래는 세리가 들어 있어야 할 상자에 아무것도 보이지 않자 관객들은 웅성거리기 시작했다. 마지선은 당황했지만 침착하게 웃으면서 비어 있는 상자를 한 바퀴 돌렸다. 그러면서 관객들 몰래 상자를 탁탁 두드렸다.

마지선은 상자의 문을 닫고 큰 천으로 상자를 덮었다. 그리고 잠시 뒤 천을 걷어 내고 상자의 문을 열었다. 하지만 이번에도 상자 안에는 아무것도 없었다. 관객들은 다시 웅성거리기 시작했고, 마지선의 얼굴도 빨개졌다. 마지선은 침착하게 다시 한번 상자의 문을 닫고는 관객들을 향해 어깨를 으쓱하면서 자신도 도대체 세리가 어디 갔는지 모르겠다는 표정을 지어 보였다.

마지선은 다시 상자에 큰 천을 뒤집어씌운 다음 상자를 빙글빙글 돌렸다. 그러고 나서 천을 걷어 낸 상자의 문을 열었다. 이번에

111

는 상자 안에서 세리가 나왔다!

관객들은 모두 박수를 쳤지만 세리의 얼굴은 완전히 울상이 되었다. 세리를 비춘 조명이 어두웠기 때문에 관객들은 눈물을 흘리는 세리를 보지 못했다. 마지선은 재빨리 세리의 손을 잡고 무대 옆으로 세리를 내보냈다.

세리는 대기실로 뛰어가서 웅크려 앉은 채 무릎에 얼굴을 파묻고 펑펑 울었다.

"으앙! 내가 언니의 마술을 망쳤어. 이제 어떡해."

약속대로라면 마지선이 상자에 꽂았던 철판을 빼고 상자의 문을 열면 그 안에서 세리가 나왔어야 했다.

잠깐 공연이 시작되기 전으로 되돌아가 보자. 마지선은 탈이 난

각도와 비례를 알면 나도 마술사

오주 대신 세리가 도와줘야 할 일을 간단하게 설명해 주었다.

"자, 네가 상자 안으로 들어간 다음 내가 상자의 문을 닫으면, 거울을 당겨서 대각선으로 딱 놓으면 되는 거야. 그럼 관객들은 상자 안이 텅 비어 있는 것처럼 보여. 관객들은 상자의 안쪽까지 본다고 생각하지만 실제로는 거울로 반사된 상자의 위쪽 면을 보는 거거든."

세리가 들어간 상자는 밖에서 보면 아무것도 없는 것처럼 보이지만 사실은 안쪽에 거울이 설치되어 있었다.

"와, 신기하다! 어떻게 그렇게 되죠?"

"엘리베이터에 거울이 있지?"

"네, 제가 사는 아파트 엘리베이터에도 거울이 있어요."

"거울이 있으면 왠지 공간이 넓어 보이는 느낌이 들지 않아?"

세리는 고개를 끄덕였다. 마지선의 이야기를 듣고 보니 그런 것도 같았다.

"왜냐하면, 그 거울을 보면 마치 거울 뒤에 엘리베이터만 한 공간이 더 있는 것처럼 느껴지거든."

"아하! 그래서 이렇게 상자 안에 거울을 설치해 놓으면 사람들이 거울에 비친 상자 안을 보게 되는 거네요."

"맞아. 이렇게 대각선으로 거울을 놓으면 거울이 상자의 위쪽을 비추지. 하지만 상자는 검은색으로 칠해 놨기 때문에 그 안을 제대

113

로 볼 수가 없어. 그래서 어쨌든 상자가 텅 비어 있다고 생각하게 되는 거야. 물론 조명이 거울을 직접 비추지 않도록 정확하게 조절해야 해."

"그건 왜죠?"

"거울이 조명을 반사하면 그 부분이 유난히 번쩍번쩍 빛이 날 거고, 그러면 관객들은 거울이 있다는 걸 눈치챌 테니까. 자, 시간은 없지만 간단히 연습해 볼까?"

연습은 어렵지 않았다. 하지만 실제 공연에서 문제가 생겼다. 마지선의 마술 쇼를 돕게 되었다는 생각에 들떠 세리는 지난밤에 거의 잠을 못 잔 상태였다. 처음에는 설레고 긴장된 마음 때문에 별로 피곤하다는 생각이 들지 않았지만, 막상 어두컴컴한 상자에 들어가 웅크리고 있으니 깜빡 잠이 든 것이다.

"세리야, 어디 있어?"

대기실 문이 열리고 오주가 들어왔다. 오주는 배탈이 좀 가라앉았는지 평소와 다름없는 모습이었다.

"왜 그래? 왜 우는 거야?"

"으앙! 제가 언니 마술을 망쳤어요. 상자 안에서 깜빡 조는 바람에……."

"으이그, 잠들 데가 없어서 하필이면 그 안에서 잠이 들어? 선생님이 찾고 있어. 얼른 가 봐."

각도와 비례를 알면 나도 마술사

세리의 얼굴이 하얗게 질렸다. 보나마나 엄청나게 혼이 날 게 빤했다. 마지선의 일을 돕는 것도 아마 오늘이 마지막일 것이다. 무대에서 마술 쇼를 망쳐 버렸는데 그냥 넘어갈 리가 없었다.

세리는 오주와 함께 마지선이 있는 대기실 안으로 들어갔다. 마지선은 무척 심각한 표정으로 팔짱을 끼고 앉아 있었다.

"오주는 잠깐 밖에서 기다려 줄래?"

오주가 밖으로 나가자 세리의 얼굴은 더 하얗게 질렸다. 된통 야단을 맞을 게 분명했다.

"어떻게 된 거야?"

마지선의 낮은 목소리에 세리는 다시 울상이 되었다.

"죄송해요, 언니. 상자 안에서 그만 깜빡 잠이……."

"잠?"

"어제 잠을 설쳐서…… 조금 전까지는 괜찮았는데 캄캄한 데 웅크리고 있으니까 저도 모르게……."

세리는 울음을 터뜨렸다.

"죄송해요, 언니. 잘못했어요. 이제 저 언니 일을 도와주는 것도 끝이죠? 엉엉."

세리를 물끄러미 바라보던 마지선이 갑자기 웃음을 터뜨렸다. 마지선의 웃음소리에 세리는 울음을 뚝 그쳤다. 세리는 마지선이 도대체 왜 웃는 것인지 영문을 몰랐다.

"아무리 졸려도 그렇지 거기서 잠이 들었단 말이야? 와, 정말 대단하다. 하하하하."

세리는 고개를 푹 숙였다.

"그래도 마무리는 어떻게든 됐으니까 다행이지. 사실 무대에서 마술을 하다 보면 별의별 일이 다 있어. 아무리 많이 연습하고 준비해도 사람이 하는 일이라 100% 완벽할 수는 없거든."

"정말 죄송해요."

마지선은 고개를 저었다.

"내가 너무 무리한 거야. 아직 마술에 대해 모르는 것도 많고 연습도 제대로 안 된 상태에서 너에게 도와 달라고 한 내 책임이 커.

각도와 비례를 알면 나도 마술사

어쨌든 마술 쇼도 무사히 끝났으니까 저녁이나 먹으러 가자."

"네?"

"꼬마 마술사님, 원래 다 실수하면서 크는 거예요."

마지선이 세리의 어깨를 툭 치면서 자리에서 일어났다. 지금 세리의 눈에는 마지선이 정말로 크고 멋있어 보였다.

"오늘 공연도 다들 수고했어."

마지선과 오주와 세리는 콜라가 담긴 잔을 부딪쳤다. 아까보다 나아지긴 했지만 세리는 여전히 풀이 죽어 있었다.

"오주야, 너 배탈 났다면서 그렇게 먹어도 돼? 꾀병이었던 거 아니야?"

마지선이 고기를 가득 넣은 상추쌈을 크게 입에 넣는 오주를 보면서 눈을 가늘게 떴다. 오주는 입 안 가득 들어 있는 쌈 때문에 제대로 말을 할 수 없어 손을 내저었다. 오주는 억울한 표정으로 입에 있는 음식을 빠르게 삼켰다.

"아까는 정말 아팠다고요! 그런데 지금은 엄청 배가 고파요. 세리, 넌 왜 안 먹어?"

"세리야, 아직도 기가 죽어 있는 거야? 이런!"

마지선은 상추쌈을 만들어 세리 앞으로 들이밀었다.

"먹어! 배 안 고파?"

"아, 저는……."

세리가 말을 끝맺기도 전에 배 속에서 꼬르륵 소리가 났다. 세리의 얼굴이 빨개졌다.

"몸은 거짓말을 못 해요, 자!"

세리는 마지선이 내민 쌈을 맛있게 받아먹었다.

"내가 처음으로 마술 쇼를 했던 때가 생각나네. 모자에서 토끼를 꺼내는 마술을 했는데, 너무 긴장해서 내가 토끼 다리를 잡고 꺼낸 거야."

마지선의 말에 오주가 놀란 표정으로 물었다.

"예? 정말이요?"

"그랬지. 한쪽 다리만 잡혀 나온 토끼는 발버둥 치고, 관객들은 깔깔거리면서 웃고. 얼굴이 완전 홍당무처럼 빨개졌다니까? 그뿐인 줄 아니? 나도 마술하다가 실수한 거 이야기하면 오늘 밤을 새워도 모자랄 거야. 오주 너도 나랑 일하면서 실수한 적 있잖아?"

"제가 뭘요?"

"재작년에 계산 틀려서!"

"그, 그거요? 아니, 뭘 옛날 일을 끄집어내고 그래요?"

"오늘 말 나온 김에 실수한 거 하나씩 얘기해 보자고!"

어느덧 기분이 한결 나아진 세리가 함께 보챘다.

"뭔데요, 오주 오빠? 뭔데요?"

오주가 크게 한숨을 쉬고는 이야기했다.

각도와 비례를 알면 나도 마술사

"그게 말이지. 그것도 사람이 들어가는 상자를 이용한 마술인데, 계산을 잘못해서 상자가 너무 작게 나온 거야."

오주의 말 뒤에 마지선이 한마디 덧붙였다.

"부피 계산을 제대로 못 해서 그런 일이 일어났지. 내가 기역 자로 들어갈 수 있는 상자를 만들어야 했거든. 허리를 90°로 숙이고 들어갈 수 있는 상자 말이야."

오주가 한숨을 푹 쉬더니 이야기를 받았다.

"선생님의 키를 둘로 나눠서 쟀어. 머리에서 허리까지 그리고 허리에서 발까지. 그리고 앞에서 봤을 때 왼쪽 어깨에서 오른쪽 어깨까지, 옆에서 봤을 때의 폭도 쟀어."

"아, 허리를 90°로 숙이면 허리에서 몸이 꺾어지니까 허리를 중심으로 각각 위아래의 키를 잰 거네요."

"그렇지. 각각 상자를 만든 다음에 이어 붙이면 되는 거잖아. 몸통이 들어가는 부분만 뚫어서. 왼쪽 어깨에서 오른쪽 어깨까지 길이가…… 얼마였더라?"

"35cm."

마지선이 바로 대답을 내놓았다.

"옆에서 봤을 때의 폭은 25cm, 머리부터 허리까지는 70cm, 허리부터 발까지는 95cm."

"우와, 언니는 그런 걸 다 기억하세요?"

"내 사이즈잖아. 당연히 기억하고 있어야지. 세리야, 그럼 아까 말한 상자를 만들려면 어떤 널빤지가 필요하겠니?"

세리는 잠시 생각하다가 냅킨에 그림을 그려 보았다.

"두 상자 모두 밑변은 가로 35cm, 세로 25cm인 직사각형일 테고 허리 위쪽으로는 70cm, 허리 아래쪽으로는 95cm니까……."

세리가 곧 답을 정리했다.

각도와 비례를 알면 나도 마술사

> 너비 35cm, 길이 70cm인 널빤지 2장,
> 너비 35cm, 길이 95cm인 널빤지 2장,
> 너비 25cm, 길이 70cm인 널빤지 2장,
> 너비 25cm, 길이 95cm인 널빤지 2장

오주가 웃으며 말했다.

"나도 이렇게 계산을 했지. 그런데 막상 상자를 만들어 보니까 작은 거야."

"그래요? 뭐가 잘못된 거지?"

"세리야. 그 상자를 기역 자로 붙이면 어떻게 되지?"

그제서야 세리는 아차 하는 생각이 들었다. 몸이 구부러지는 부분의 공간을 미처 생각하지 못했던 것이다.

마지선은 냅킨에 쓱쓱 그림을 그려 보여 주었다.

"너희처럼 계산하면 왼쪽 그림처럼 비는 공간이 생긴단 말이야. 원래 생각했던 대로 상자를 붙이면 오른쪽 그림처럼 짧아지잖아. 그럼 내 키가 얼마여야 하는지 알아?"

세리는 그림을 유심히 들여다봤다.

"언니 말이 맞아요. 95cm에서 25cm가 빠지니까, 허리부터 발끝까지의 길이가 70cm밖에 안 되네요?"

"그렇지!"

121

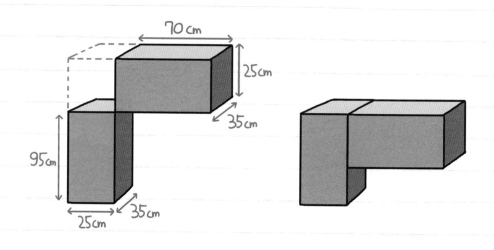

"그럼 왼쪽 널빤지는 길이가 95cm로는 부족하고, 여기에 25cm 를 더해서 120cm가 되어야 하는 거예요."

세리는 답을 고쳐 보았다.

> 너비 35cm, 길이 70cm인 널빤지 2장,
> 너비 35cm, 길이 120cm인 널빤지 2장,
> 너비 25cm, 길이 70cm인 널빤지 2장,
> 너비 25cm, 길이 120cm인 널빤지 2장

"땡!"

마지선은 세리가 낸 답이 또 틀렸다고 말했다.

"왜요?"

그때 오주가 입을 열었다.

"위아래 뚜껑은?"

"아차!"

상자마다 위아래 뚜껑이 필요했다. 세리는 답을 추가했다.

> 너비 35cm, 길이 25cm인 널빤지 4장

"땡!"

이번에는 오주가 틀렸다고 나섰다.

"네? 맞잖아요, 오빠!"

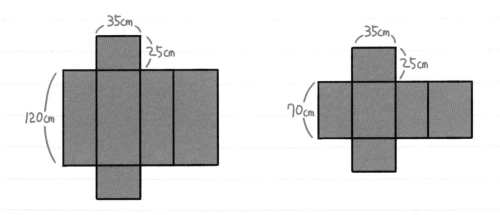

"잘 생각해 봐. 세리 너, 전개도라는 거 그려 봤어?"

세리는 잠시 생각하다가 냅킨에 그림을 그려 보았다.

"잘 그렸네. 직육면체 2개를 만드는 거라면 딱 맞아. 하지만 이 상자 2개를 기역 자로 붙인 다음에 몸통이 지나갈 구멍을 만들어야 하잖아?"

세리는 생각에 잠겼다.

"그러면 오른쪽에 있는 상자는 뚜껑 하나가 필요 없겠네요. 그러니까 너비 35cm, 길이 25cm 크기의 널빤지는 3장만 있으면 되겠어요."

마지선은 세리의 대답이 만족스러운 듯 고개를 끄덕였다.

"그럼 왼쪽에 있는 상자에 구멍을 내려면……."

세리는 구멍을 어디에 내야 할지 헷갈렸다. 너비가 25cm인 널빤지일까 35cm인 널빤지일까?

"가로 35cm, 세로 25cm 크기의 구멍이 필요해요."

"호호, 제법인데? 잘 맞혔어. 이젠 아주 잘하네?"

"저는 아직 멀었어요. 언니처럼 수학도 과학도 척척 잘해야 마술사가 될 텐데……. 전 언니처럼 되지는 못할 것 같아요."

"정말 그렇게 생각해?"

세리는 고개를 끄덕였다. 학교 선생님만큼이나 과학과 수학을 잘하는 마지선이 세리에게는 너무 높은 벽과 같았다.

각도와 비례를 알면 나도 마술사

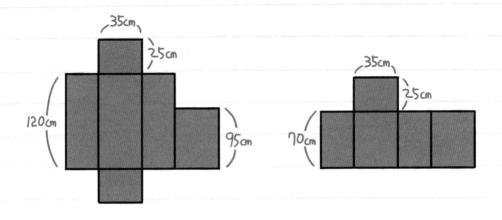

"세리야."

자세를 고쳐 앉으면서 마지선이 말했다.

"내가 세리랑 같은 나이였을 때 과학이랑 수학을 척척 잘했을 것 같아?"

세리는 고개를 끄덕였다.

"땡!"

"네? 뭐가 또 땡이에요?"

"틀렸다고요. 내가 세리만 했을 때에는 과학과 수학을 세리보다 더 못하고 싫어했어."

"에이, 거짓말이죠? 저를 위로해 주려고 그러는 거 알아요."

"정말이야. 과학, 수학 문제 풀기 싫다고 펑펑 울었던 적도 많아. 그럴 때마다 선생님과 부모님께 혼났지만."

125

"정말이요?"

"그렇다니까? 그런데 놀랍게도 과학이랑 수학을 잘해야 마술도 잘할 수 있더라고. 그래서 나도 처음에 마술사가 되는 걸 그만둬야 하나 생각하기도 했어."

"그렇구나……."

"그리고 정말로 그만둔 적도 있었지."

"언니가 마술을 그만뒀다고요?"

"응, 그때가 아마 1년 정도 마술을 배웠을 때였을 거야. 도저히 훌륭한 마술사는 못 될 것 같았거든. 그래서 마술은 안 하고 자꾸 딴짓만 했는데, 그러다가 결국은 도망가 버리고 말았어."

"도망이요?"

"아무래도 마술은 내 적성에 안 맞는 것 같아서 다른 일을 해야 겠다고 생각했거든. 그래서 다른 일자리를 얻긴 했는데 자꾸만 마술 생각이 나는 거야."

"어떤 일을 했는데요?"

"그냥 보통 회사에 취직도 해 봤고, 요리사가 돼 볼까 싶었던 적도 있었지. 그런데 회사에서도 일하는 중간중간에 자꾸 '이런 마술을 해 보면 어떨까?' 하는 생각에 빠져서 일 안 한다고 혼난 적도 여러 번 있었어."

"그래서 다시 마술사가 되기로 결심한 거예요?"

각도와 비례를 알면 나도 마술사

"그래. 그렇게 마음을 고쳐먹고 나니까 정말 과학이고 수학이고 열심히 공부하는 수밖에 없다는 생각이 들더라고. 그래서 열심히 했지. 역시 뭔가를 좋아하고 푹 빠져 있는 게 중요한 것 같아. 지금 세리 너도 내 일을 도와준 지 얼마 안 됐지만 얼마든지 잘할 수 있잖아."

"하지만 아까 상자 문제도 여러 번 틀리고 나서야 맞았는데요?"

"바로 그거야! 문제를 한 번에 풀어야 한다는 생각을 버려야 해. 답이 왜 틀렸는지 생각하는 과정에서 진짜로 배우는 거라고."

세리는 고개를 끄덕였다. "실패는 성공의 어머니"라는 말처럼 어

쩌면 수학이나 과학도 실패하고 실수하는 과정에서 배우는 걸까?

"어머, 이야기가 너무 길어졌네. 뭐야, 고기 다 어디 갔어?"

옆에서 오주가 빵빵해진 배를 슬슬 문지르고 있었다.

"오주야, 설마 네가 다 먹은 거야?"

"아니, 둘이서 한참 말이 많기에……. 놀면 뭐 해요, 고기 타는데. 그래서 먹다 보니 제가 다 먹어 버렸네요."

"그렇다고 하나도 안 남기고 홀라당 다 먹으면 어떻게 해?"

"이미 배 속에 들어간 걸 꺼낼 수도 없고……. 드시고 싶으면 더 주문을 하시죠."

세리는 마지선과 오주가 은근히 잘 어울리는 파트너라고 생각했다. 어제 잠을 설친 데다 긴장이 풀리고 나니 세리는 저도 모르게 스스르 잠이 들어 버렸다.

마술 퀴즈 ❻

> 세리가 알아낸 두 개의 직육면체를
> 기역 자로 붙여 만든 상자의 부피는 얼마일까요?

각도와 비례를 알면 나도 마술사

7

불은 붙지만
타지 않는 지폐

잠에서 깬 세리는 깜짝 놀랐다. 자신의 방 침대에서 눈을 떴기 때문이다. 거실에 나가 보니 부모님은 출근 준비를 하고 있었다.

"일어났구나, 세리야."

"엄마, 저 어제 어떻게 집에 온 거예요?"

"하하. 마술사 마지선 씨 조수라는 사람이 업고 왔더라고. 얼마나 깊이 잠들었는지 깨워도 안 일어난다면서 말이야. 그제 거의 잠을 못 잤다고?"

"네, 너무 설레고 긴장돼서……."

"마지선 씨가 세리가 도와준 덕분에 마술 쇼가 잘 끝났다고 하더라고. 다음에 꼭 보러 오라면서 초대권까지 주고 갔어."

129

상자 안에서 깜빡 잠이 드는 큰 실수를 저질렀는데도 마지선과 오주는 오히려 부모님께 세리를 칭찬하고 갔다. 세리는 그런 두 사람에게 너무나도 고맙고 미안했다.

"우리 세리 대단한데. 다시 봤어! 마술사를 도와 공연까지 했다니."

다음 날, 세리가 마지선의 사무실을 찾았을 때 마지선은 누군가와 전화를 하고 있었다.

"네, 알겠습니다. 잘 부탁드릴게요. 감사합니다."

통화를 마친 마지선이 세리를 반갑게 맞이했다.

"왔구나? 마침 해 줄 이야기가 있었는데."

"무슨 이야기요?"

"세리 덕분에 어린이들을 위한 마술 쇼를 어느 정도 생각해 뒀거든. 방학이 끝나면 정말로 마술 쇼를 하려고 방금 첫 번째로 공연할 곳에 연락했어. 그쪽에서도 좋다고 하네."

"와! 어느 공연장인가요?"

마지선은 웃으면서 고개를 가로저었다.

각도와 비례를 알면 나도 마술사

"공연장이 아니고 학교. 첫 공연은 학교에서 무료로 할 거야."

"그렇구나. 어느 학교인데요?"

"바로…… 세리가 다니는 학교!"

세리의 눈이 휘둥그레졌다.

"저, 정말이요? 농담 아니죠?"

"그동안 세리가 도와준 게 있는데, 첫 공연은 당연히 세리네 학교에서 해야지."

"하지만 제가 별로 도움이 되지 않았잖아요. 지난번에는 실수까지 하고……."

"아냐, 너랑 많은 이야기를 나누면서 여러 가지 아이디어를 얻었어. 어른의 눈으로만 공연을 만들면 아이들에게는 이해하기 어렵거나 흥미 없는 공연이 될 수도 있거든. 그럼 아직 좀 더 완성해야 할 부분들을 같이 생각해 볼까? 일단 마술에 들어 있는 과학이나 수학 원리를 설명해야 하는데, 뭔가 눈으로 볼 수 있는 게 필요하겠지?"

세리는 고개를 끄덕였다. 그때부터 마지선은 컴퓨터로 큰 스크린 화면에 띄울 수 있는 자료를 만들기 시작했다.

"이렇게 설명하면 괜찮을까?"

세리는 컴퓨터 화면을 보고 자신의 의견을 말했다.

"음, 이건 좀 어려울 것 같아요. 저는 언니한테 여러 번 설명을 들

131

었으니까 무슨 말인지 잘 알지만 그러지 않은 친구들은 이해하기 어려울 것 같아요."

"그럼 어떻게 하면 좋을까?"

"그림을 하나 더 넣으면 어떨까요? 물이 위에서 아래로 쏟아지는 모습은 전압을 좀 더 이해하기 쉽게 만들어 줄 거고, 물이 흐르는 호스는 굵은 것과 가는 것을 함께 보여 주면 전류를 좀 더 이해하기가 쉬워질 거예요."

마지선은 고개를 끄덕였다.

"그렇구나. 그럼 그림을 더 넣어야겠네."

"제가 한번 그려 볼까요?"

"네가?"

"네, 만화를 좋아해서 그림을 자주 그려 봤어요."

"그거 좋네! 그럼 부탁할게. 다른 것도 보면서 고치거나 뭘 더 넣어야 할 점이 있으면 얘기해 줘, 알았지?"

"네, 그럼요!"

마지선과 세리는 공연 준비를 함께 차근차근 해 나갔다.

"이제 공연에 들어갈 다른 마술들은 다 준비가 된 것 같고, 마지막으로 이걸 하나 더 넣을까 싶어."

마지선은 평범해 보이는 지폐를 한 장 보여 주었다.

"자, 잘 봐."

각도와 비례를 알면 나도 마술사

갑자기 마지선이 지폐에 불을 붙였다. 지폐는 금세 노란 불꽃을 내면서 타기 시작했다.

"으악! 언니, 뭐 하는 거예요?"

마지선은 지폐를 몇 번 흔들었다. 그러자 불꽃이 사라졌다. 그런데 좀 전까지 불이 붙었던 지폐는 멀쩡했다.

"어떻게 된 거예요?"

"마술이지. 마술사한테 그걸 물어보면 어떻게 하니?"

"그건 그렇지만……."

세리는 머리를 긁적였다. 그런데 아까부터 묘한 냄새가 났다. 어디선가 맡아 본 익숙한 냄새였다.

"이거 혹시…… 알코올인가요?"

"어라? 알아맞혔네?"

"병원이나 학교 보건실에서 자주 맡았던 냄새랑 똑같아요. 아, 과학 실험 때도 이런 냄새가 났던 것 같고요. 알코올램프를 썼을 때요."

마지선은 큼직한 병을 꺼냈다. 병에는 '알코올 70%'라고 쓰여 있었다. 마지선은 높이가 낮은 그릇에 알코올을 붓고 거기에 다시 지폐를 살짝 담갔다가 건졌다. 그 지폐에 불을 붙이자 파란 불꽃이 생겼다. 불이 꺼지자 지폐는 전혀 타지 않은 상태 그대로였다.

"알코올램프를 보면 심지의 끄트머리만 검게 타 있고 그 아래는 그냥 하얗게 남아 있는 걸 볼 수 있잖아요. 근데 지폐는 전혀 타지 않네요."

"그거 좋은 추측이다. 뭔가가 불에 타려면 꼭 필요한 게 있지?"

"불에 탈 만한 물질이 있어야 하고, 그 물질의 온도가 불이 붙을 만큼 높아야 하고, 산소가 있어야 해요."

"맞아. 그런데 알코올은 발화점이 400℃지만 인화점은 12℃ 정도밖에 안 되거든."

"발화점, 인화점이요?"

"쉽게 말하면 발화점은 주위에 다른 불꽃이 없어도 불이 붙을 수 있는 온도이고, 인화점은 다른 불꽃에 의해 불이 붙을 수 있는 온도야. 그러니까 알코올도 엄청 차가우면 불을 붙여도 잘 안 붙어."

"하지만 12℃보다 낮아도 불을 붙이면 붙기는 하잖아요."

"그건 불과 닿아 있는 알코올의 온도가 올라가니까 그런 거야. 그래서 그 알코올에 불이 붙으면 옆에 있는 알코올 온도가 올라가서 또 불이 붙고, 그렇게 퍼져 나가는 거지."

"그런데 이 지폐는 왜 전혀 안 탄 거예요?"

마지선은 병에 붙어 있는 라벨을 가리켰다.

각도와 비례를 알면 나도 마술사

"잘 봐. 알코올이 70%인데 나머지 30%는 뭘까?"

"물인가요?"

"맞아. 이 30%의 물이 지폐를 보호해 주는 거야."

"물이 지폐가 타지 않도록 해 주는 거예요?"

"응, 물이 일종의 온도 조절기 같은 역할을 하거든. 종류에 따라 차이는 있지만 종이는 보통 발화점이 400℃가 넘어. 그래서 지폐에 불을 붙이면 온도는 올라가지만 30%의 물이 그 열을 먼저 흡수하고 수증기로 증발하는 거지. 물이 모두 없어지기 전에는 지폐에 불이 안 붙는 거야. 게다가 알코올은 휘발성이 강해서 빨리 날아가기 때문에 불이 오래 지속되지 않거든. 그러니까 발화점까지 온도가 높아지지 않아서 지폐에 불이 안 붙는 거야."

세리는 한 가지 더 궁금한 게 있었다.

"그런데 언니, 처음에 지폐에 불을 붙였을 때에는 노란 불꽃이었는데 아까는 알코올램프처럼 파란 불꽃이었어요. 둘 다 지폐에 알코올을 묻힌 게 아니었나요?"

"세리 너, 관찰하는 눈이 많이 좋아졌는걸! 그 차이를 눈치챘단 말이야?"

마지선의 칭찬에 세리는 기분이 좋았지만 그 정도는 별거 아니란 듯 대답했다.

"바로 옆에서 보니까 왠지 눈에 더 잘 들어오는 것 같아요."

마지선은 테이블 위에 하얀 가루를 꺼내 놓았다.

"이게 뭐예요?"

"그냥 알코올만 쓰면 아까처럼 파란색 불꽃이 생기니까 티가 많이 나잖아. 그런데 소금을 섞으면 노란색 불꽃을 만들 수 있기 때문에 좀 더 자연스러워지지. 더 정확하게 이야기하면, **소금을 만드는 물질 중에는 나트륨이라는 게 있는데, 그것 때문에 노란색 불꽃이 보이는 거야.**"

"그럼 다른 걸 넣으면 다른 색깔을 낼 수도 있는 거예요?"

"그렇지. 어떤 성분이 들어 있는가에 따라서 불에 탈 때 내는 색깔에 차이가 있거든. 예를 들어서 불꽃놀이를 할 때 색깔이 정말 여

각도와 비례를 알면 나도 마술사

러 가지지? 그건 어떤 금속 성분을 섞어서 색깔을 만드는 거야."

"그렇구나! 그런데 소금이 알코올에 녹아요?"

"아니, 그렇지만 물에는 녹잖아."

세리는 아차 싶었다. 마지선이 보여 준 건 알코올 70%에 물이 30%인 용액이었다.

"이건 불을 쓰는 거라서 위험하니까 조심해야 해. 마술 쇼에서는 불을 쓰는 일이 종종 있는데, 혹시나 다치거나 다른 데에 불이 붙지 않도록 연습도 많이 해야 하지. 그러니까 이건 절대로 세리가 만져서는 안 돼."

"네, 저도 불은 무서워요. 그런데 언니, 벌써 우리 학교에서 보여 줄 마술을 다 생각한 거예요?"

"응, 이 정도면 충분해. 이제 필요한 자료도 만들고, 연습도 하고…… 아직도 할 일이 꽤 많아. 물론 세리가 끝까지 같이 도와줄 거지?"

"당연하죠! 게다가 우리 학교에서 하는 마술 쇼인걸요! 정말 고마워요, 언니!"

마술 공연이 이틀 앞으로 다가오자 마지선과 오주는 공연에 쓸 여러 가지 도구와 장치들을 챙기느라 바쁘게 움직였다. 도구와 장치들을 분류한 다음 똑같은 크기의 상자에 담아서 사무실 한쪽 구석에 차곡차곡 쌓아 두었다. 상자를 쌓는 일은 셋 중 덩치가 제일

137

큰 오주의 몫이었다. 좁은 공간에 상자를 높게 쌓아 두어야 했기 때문이다. 세리도 덩달아 바쁘게 움직였다.

"휴, 어느 정도 정리가 된 건가?"

한참 물건들을 상자에 담느라 정신없던 마지선이 오주가 쌓아 놓은 상자들을 둘러보았다.

"뭐니, 이건? 왜 이렇게 쌓아 놓은 거야?"

"열심히 쌓다 보니 이렇게 됐는데……."

세리는 상자가 쌓인 모양을 보면서 '쌓기나무' 같다고 생각했다.

"오주야, 여기 있는 상자가 모두 몇 개야? 전부 40개가 되어야 하는데."

"글쎄요, 선생님. 저는 그냥 열심히 쌓기만 해서……."

노트에 뭔가를 끼적이고 있던 세리가 말했다.

"이 상자들은 모두 33개예요."

"세리야, 벌써 다 계산했어?"

세리는 웃으면서 고개를 끄덕였다.

마지선은 세리가 적어 놓은 것을 보며 감탄했다.

"이야, 멋진데? 이건 위에서 보았을 때 쌓인 모양을 가지고 몇 층씩 쌓았는지 센 거구나!"

"맞아요."

"크으, 멋지다, 멋져! 이젠 뭐든 척척 잘하네!"

각도와 비례를 알면 나도 마술사

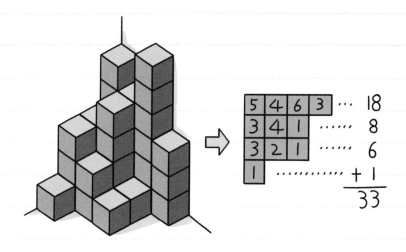

마지선의 칭찬에 세리는 기분이 정말 좋아졌다.

"오주야, 상자를 아무렇게나 쌓으니까 안 그래도 좁은 사무실에 바닥만 많이 차지하잖아. 다시 좀 쌓아 봐!"

오주는 투덜대면서 상자를 다시 쌓기 시작했다. 그 모습을 보면서 마지선이 세리에게 물었다.

"세리야, 바닥을 최대한 덜 차지하도록 상자를 쌓으려면 상자 몇 개만큼의 공간이 필요할까? 오주는 위로 6개까지 높게 상자를 쌓을 수 있어."

세리는 잠시 상자들을 바라보면서 생각에 잠겼다. 상자를 6층까지 쌓을 수 있다면 33개의 상자를 6층씩 쌓았을 때 몇 줄이 나오는지부터 따져 봐야 했다.

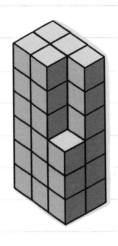

'33을 6으로 나누면 몫은 5이고 나머지가 3이
니까, 다섯 줄은 6층으로 쌓고 한 줄은 3층으로
쌓으면 되겠구나.'

세리는 자신 있게 말했다.

"상자 6개만큼의 공간이 필요해요. 다섯 줄은 6
층으로 쌓고 한 줄은 3층으로 쌓으면 되니까요."

오주가 다시 쌓은 상자들은 세리의 말처럼 놓여
있었다.

"이야! 세리 이제는 진짜 척척 잘하네."

"언니, 쌓아야 할 상자가 전부 40개라고 하지 않았나요?"

"아, 그렇지. 7개를 더 쌓아야 하잖아. 빨리 일하자, 일!"

공연 하루 전날, 세리네 학교 강당에 무대가 꾸며지고 마술에 필
요한 조명과 음향 시설까지 설치됐다. 아침부터 커다란 트럭 여러
대가 학교에 들어오고 사람들이 강당으로 짐을 나르는 모습을 보
면서 아이들은 마냥 들떴다.

"우와, 신난다! 우리 학교에서 마술 쇼를 하는 거야?"

"그것도 그 유명한 마술사 마지선 누나가?"

아이들은 창문 밖으로 강당 쪽을 바라보면서 왁자지껄 떠들었다.
그 사이에서 세리는 아무 말도 하지 않았다.

"세리야, 넌 신나지 않니? 너 마술 좋아하잖아."

각도와 비례를 알면 나도 마술사

"응, 뭐…… 신나지. 기대도 되고."

사실 세리는 친구들에게 자랑할 게 많았는데 마지선과의 약속을 지키려고 참는 중이었다.

"공연 전까지는 세리가 날 도와줬다는 걸 아무에게도 말하지 마. 공연 때 친구들을 깜짝 놀라게 해 주자! 알았지?"

"네, 좋아요. 히히."

세리네 학교에서 마술 쇼를 하기로 결정하면서 마지선과 세리는 이렇게 약속했다. 세리는 잔뜩 들떠 있는 친구들의 모습을 보면서 웃음이 터져 나오려는 걸 꾹꾹 참았다.

마술 퀴즈 7

> 왜 소독용 알코올은 70%의 알코올과 30%의 물로
> 만들까요? 알코올을 더 많이 넣으면
> 소독이 더 잘되지 않을까요?

에필로그

드디어 마술 쇼가 열리는 날, 세리는 친구들 모르게 강당으로 들어가서 마지선을 기다리고 있었다. 마지선은 작은 가방을 들고 있었다.

"자, 선물."

"네? 무슨 선물이에요?"

"열어 보면 알아. 대기실에 가서 열어 봐."

가방을 열어 본 세리는 깜짝 놀랐다. 마지선이 공연 때 입는 마술사복과 거의 비슷한 옷이 세리 사이즈에 딱 맞게 들어 있었다.

"잘 어울리는데? 멋있다!"

마술사복을 입고 나타난 세리를 향해 마지선이 활짝 웃으면서

각도와 비례를 알면 나도 마술사

박수를 쳤다.

"언니, 정말 고마워요. 이런 건 생각도 못 했는데……."

"무슨 소리야? 우리 꼬마 마술사님, 오늘 무대에도 올라가는데 이런 옷이 있어야죠!"

감동받은 세리의 눈에 눈물이 그렁그렁 맺혔다.

공연 시간이 다가오자 강당은 순식간에 학생으로 가득 찼다. 학생들뿐만 아니라 선생님들도 강당에서 마술 쇼가 시작되기를 기다렸다.

공연은 먼저 카드 마술로 시작했다. 마지선의 멋진 손놀림으로 카드가 손안에서 주르륵 펼쳐졌다가 사라지고, 손을 한 번 펼칠 때마다 계속해서 새로운 카드가 나타났다. 카드를 아무리 뽑아도 새로운 카드가 끝없이 나타났다. 눈을 뗄 수 없는 마술이 펼쳐질 때마다 박수와 환호가 터졌다.

그다음은 테이블 위에 놓인 상자를 떠오르게 하는 마술이었다. 상자를 건드리지도 않는데 마지선의 손짓에 따라 상자가 공중에 떠올랐다. 상자는 위아래로 떠오를 뿐만 아니라 좌우로 움직이기도 했다. 마지선은 상자에 그 어떤 줄도 매달지 않았다는 것을 보여 주기 위해 상자 위아래로 마술봉을 통과시켰다. 아이들의 눈이 휘둥그레졌다. 둥둥 떠 있는 상자를 가리키며 마지선이 질문을 던졌다.

"혹시 이 상자가 어떻게 이렇게 떠 있는지 아는 친구 있나요?"

객석은 웅성웅성 소란스러웠지만, 대답은 나오지 않았다.

"이런, 수업 시간에 배운 친구도 있을 텐데?"

마지선의 힌트에도 학생들은 쉽게 대답을 하지 못했다.

"세리야, 이리로 나와 봐."

각도와 비례를 알면 나도 마술사

마지선이 세리의 이름을 부르자 반 친구들은 깜짝 놀랐다. 지금 마지선이 부른 이름이 같은 반 친구가 맞는지 궁금했다. 아까부터 세리가 보이지 않았다는 사실을 친구들이 알아챘을 때쯤 세리가 무대 위로 올라왔다.

"우와, 정말로 세리가 올라갔어!"

"뭐야, 이게 어떻게 된 거야?"

마지선처럼 멋진 마술사복을 입고 무대 위로 올라온 세리는 게임 리모컨같이 생긴 기계를 들고 있었다.

"이제 상자 좀 내려 볼래?"

세리가 리모컨을 조작하자 상자가 스르르 테이블 위로 내려왔다.

"자, 이제 어떻게 상자가 둥둥 떴는지 알아볼까요?"

무대 위에 설치한 스크린에 전자석과 관련된 내용이 나타났다. 테이블에 전자석을 설치하고 상자에 자석을 설치해서 전자석에 전류를 흐르게 하면 서로 밀어내는 성질로 인해 상자가 공중에 떠오르게 되는 원리를 마지선이 차근차근 설명했다. 그런 다음 다시 한번 마술을 보여 주었다.

"친구들, 어때요? 처음 볼 때는 신기한데 이렇게 원리를 알고 보니까 재미있죠? 마술도 이렇게 그 비밀을 파고들어 보면 과학과 수학의 힘이 무척 크답니다. 그래서 오늘은 마술과 함께 이런 원리들을 알아볼 거예요."

마지선은 그다음 순서로 불을 붙여도 타지 않는 지폐 마술을 선보이면서 불이 붙기 위해 필요한 세 가지 요소 이야기를 곁들였다. 조커가 어디에 있는지 알아맞히는 카드 마술에서는 세리가 친구들 앞에서 마술을 하도록 했다. 세리가 마지선을 만나 처음으로 배우고, 밤새 연습해서 반 친구들에게 보여 주었던 그 마술이었다.

세리는 선생님과 학생을 무대로 불러 조커를 카드 더미의 아무 곳에나 꽂아 보도록 했고, 그때마다 다른 조커 한 장은 항상 카드를 꽂아 넣은 곳에서 나왔다. 무대에서 그 모습을 직접 본 선생님도 학생들도 눈이 휘둥그레졌다. 특히 세리의 반 친구들은 서로 수군거렸다.

"저거 지난번 방학식 때 우리한테 보여 준 마술이잖아?"

"그럼 저 마술을 마지선 누나한테 배운 거야? 와……."

"그러고 보니까 세리가 방학 때 미국에 간다고 그랬다가 갑자기 일이 생겨서 못 간다고 그랬잖아. 방학 동안 마술을 배우느라고 그랬나 봐. 헐!"

이제 마술 쇼는 막바지를 향해 가고 있었다. 마지막 마술은 상자 안에 사람이 들어가면 사람이 사라지는 마술이었다. 지난번에는 큰 실수를 저질렀지만 지금은 전혀 졸리지 않았기 때문에 세리는 한결 편안한 마음으로 잘 해낼 자신이 있었다. 게다가 세리는 이번 공연을 앞두고 마지선과 함께 여러 번 열심히 연습했다. 심지어 마

각도와 비례를 알면 나도 마술사

지선과 역할을 바꿔서 연습하기도 했다. 마지선은 그렇게 해야 마술의 원리를 더 잘 이해할 수 있고 호흡도 잘 맞출 수 있다고 했다.

"이제 벌써 오늘의 마지막 순서네요."

마지선의 말에 관객석에서는 아쉬워하는 소리가 흘러 나왔다.

"이번 마술은……."

오주가 무대 옆에서 마술 상자를 끌고 나타났다.

"짠! 제가 이 상자 안에 들어갈 건데요, 과연 무슨 일이 일어날까요? 기대하세요! 저 말고 우리 꼬마 마술사 세리를요!"

헉! 세리는 깜짝 놀랐다. 분명히 공연 시작 전까지만 해도 세리가 상자 안으로 들어가면 마지선이 마술을 펼치도록 되어 있었기 때문이다. 이 마술 쇼의 주인공은 당연히 마지선이고, 세리는 보조일 뿐이었는데 난데없이 마지선이 역할을 바꾸어 버린 것이다.

세리가 뭐라고 말할 새도 없이 마지선은 마술 상자를 열고 상자 안으로 휙 들어가 버렸다. 세리는 그때서야 왜 마지선이 서로 역할을 바꾸어 가면서 여러 번 연습했는지 알아차렸다. 마지선은 처음부터 세리에게 마지막 마술을 맡길 생각이었던 것이다. 미리 이야기하면 세리가 안 한다고 할까 봐 마지선은 다른 핑계를 대면서 세리에게 마술을 연습시켰다.

세리는 무대 위에서 관객들을 바라보았다. 모두의 눈이 세리를 향해 있었다. 세리는 마른침을 꿀꺽 삼킨 다음 오주를 바라보았다.

147

오주는 어깨를 으쓱해 보였다.

'설마 오주 오빠도 알고 있었던 거야?'

강당 안이 잠시 조용해졌다. 세리의 다리가 부들부들 떨리기 시작했다. 그때 상자 안에서 세리만 들을 수 있을 정도로 나지막한 목소리가 흘러나왔다.

"세리야, 천천히 해 보자. 넌 충분히 할 수 있어!"

"하지만……."

"쉿! 연습할 때처럼 재미있게 하면 되는 거야. 넌 이미 친구들 앞

각도와 비례를 알면 나도 마술사

에서 카드 마술을 보여 줬잖아? 지금도 다를 건 없어."

세리는 다시 한번 관객석을 둘러보았다. 친구들도 선생님도 잔뜩 기대하는 눈으로 세리를 바라보고 있었다.

"날 믿어, 세리야."

상자 안에서 다시 한번 마지선의 목소리가 흘러나왔다.

"할 수 있어. 연습했던 대로 하면 돼, 알았지? 그럼 시작하자고."

세리는 침을 꼴깍 삼켰다. 그러고 나니 조금 전보다는 몸이 덜 떨렸다. 마술 상자 아래에는 바퀴가 달려 있어 오주의 도움을 받으면 세리의 힘으로도 충분히 상자를 움직일 수 있었다. 세리는 오주와 함께 마술 상자를 한 바퀴 돌렸다. 그러고 나서 오주가 커다란 철판과 함께 작은 계단을 가지고 나왔다. 세리는 오주의 도움을 받아 마지선이 했던 것처럼 마술 상자에 철판을 대각선으로 꽂아 넣었다. 관객석에 있던 아이들은 놀라서 "헉!" 하는 소리를 냈다.

"정말이야? 정말 세리가 저런 마술을 하는 거야?"

세리의 반 친구들은 정말로 깜

짝 놀랐다. 방학식 날 세리의 마술을 보면서 마술은 다 속임수라고 비웃었던 병호조차도 입을 다물지 못했다. 마술도 마술이지만, 무엇보다 텔레비전 같은 데서만 봤던 마술을 세리가 무대 위에서 하고 있다는 사실이 도저히 믿기지 않았다.

세리는 상자 주위에 아무것도 없음을 보여 주기 위해서 철판이 꽂힌 상자를 다시 한번 한 바퀴 돌렸다. 상자 뒤에 비밀 통로가 있어서 빠져나갔다는 의심을 사지 않기 위해서였다. 그러고 나서 세리는 오주와 함께 상자에 꽂혀 있던 철판을 빼냈다.

이제 다시 상자를 열 차례였다. 세리는 긴장해서 침을 삼켰다. 세리는 갑자기 걱정이 됐다.

'설마 마지선 언니가 안에서 잠이 든 건 아니겠지?'

마술 상자를 열자 짠! 하고 등장한 마지선이 두 팔을 벌리자 커다란 박수갈채가 쏟아졌다. 그렇게 꼬마 마술사 세리의 멋진 마술은 큰 성공을 거두었다.

"여러분! 우리 꼬마 마술사 세리의 첫 마술 쇼 재미있게 보셨나요?"

마지선의 말에 "네!" 하고 크게 대답하는 소리가 강당을 가득 메웠다.

"오늘 여러분이 보았던 것처럼 신기해 보이는 마술의 뒤에는 정말 정교하고 꼼꼼하게 계산된 수학과 과학이 숨어 있어요. 그래서

각도와 비례를 알면 나도 마술사

여러분을 깜짝 놀라게 만들 멋진 마술을 보여 주기 위해서 마술사들은 지금도 열심히 연구하고 연습하고 있답니다. 우리 꼬마 마술사 세리는 오늘 마술을 함께 하면서 어땠나요?"

"음, 방학 동안에 언니의 일을 도우면서 정말로 많은 걸 배웠어요. 마지선 언니도 정말로 열심히 마술을 연구하고 연습하고 있다는 것도 알았고요. 저도 앞으로 더 열심히 공부해서 언니처럼 멋진 마술사가 되고 싶어요."

"세리는 이미 마술사인걸? 자, 여러분! 그럼 오늘 마술 쇼를 마치도록 할게요. 즐겁게 봐 주어서 고마워요. 안녕!"

강당을 뒤흔들 듯한 박수가 터져 나왔다. 마지선은 객석을 향해 손을 흔들면서 옆에 있는 세리에게 나지막하게 이야기했다.

"세리야, 오늘 정말로 잘했어. 마지막 마술에서 갑자기 내가 마술 상자에 들어가서 많이 놀랐을 텐데 침착하게 잘 해냈어. 정말 넌 멋진 마술사가 될 수 있을 거야."

"으…… 언니 정말 너무해요. 얼마나 놀랐는데요."

"호호호, 미안, 미안. 함께 연습을 하는 동안 세리가 정말 빨리 배우는 모습을 보니까 충분히 할 수 있을 것 같았거든."

"그래도 오늘 시작하기 전에 살짝 귀띔이라도 해 주지……."

"그러면 왠지 겁먹고 못 하겠다고 그럴까 봐. 오주는 어떻게 생각해?"

"어우, 세리 정말 대단하던데요? 이제는 웬만한 일은 세리한테 맡기고 저는 좀 더 바깥에서 일을 봐도 될 것 같아요."

"어머머? 이제는 세리한테 떠맡기고 밖에 나가서 놀 궁리야? 세리는 아직 어리다고!"

"마술사님도 참, 나이는 숫자에 불과하다는 말도 모르세요?"

마지선은 어이없는 얼굴로 피식 웃고 말았다. 그리고 결국 셋 다 깔깔거리면서 웃기 시작했다. 어린이를 위한 마지선의 첫 과학 마술 쇼이자 세리의 첫 마술 쇼는 아주 즐겁게 끝을 맺었다.

마술 쇼 이후 세리는 학교의 최고 인기 스타가 되었다. 하지만 그

각도와 비례를 알면 나도 마술사

덕분에 세리는 날마다 머리가 지끈지끈 아파 왔다.

"그 마술 어떻게 하는 거야? 나도 좀 가르쳐 줘!"

"어제 텔레비전에서 보니까 자동차가 확 사라지는 마술이 있던데, 그건 어떻게 한 걸까? 넌 마술사니까 당연히 알지?"

친구들은 마술의 비밀을 알려 달라고 세리를 달달 볶았다. 그러나 마지선이 여러 번 이야기했듯이, 마술의 비밀은 함부로 알려 줘서는 안 되는 진짜 비밀이다.

만들어진 지 오래되어 사람들에게 이미 많이 알려진 마술 트릭들은 마지선과 세리가 학교 마술 쇼에서 보여 줬지만, 마술사들이 텔레비전이나 공연에서 보여 주는 마술 트릭은 절대로 이야기해서는 안 됐다. 세리는 마술사니까 당연히 비밀을 지켜야 했다.

학교를 마치고 집에 오니 세리 앞으로 엽서 한 장이 도착해 있었다. 마지선이 보낸 것이었다. 영국 국회의사당의 시계탑인 빅벤이 큼직하게 찍힌 사진이 눈에 들어왔다.

마지선의 엽서를 읽던 세리가 소리쳤다.

"아, 좀!"

세리, 안녕?

사진을 보면 알겠지만 나는 지금 런던에 와 있어. 여기서 일주일 정도 마술 쇼를 할 예정이야. 지금은 준비하느라고 꽤 바빠서 런던에 오랜만에 왔는데도 며칠째 공연장에만 틀어박혀 있는 중이야.

한 달 정도 유럽에 머물면서 마술 쇼도 하고 새로운 마술도 연구할 거야. 다음 달에 한국에 돌아가면 그때 다시 만나자. 그리고 지난번에 세리네 학교에서 했던 공연을 조금 더 다듬어서 아이들이 마술도 보고, 과학과 수학을 좀 더 재미있게 여길 수 있는 그런 공연을 만들어 보자. 알았지?

공연장 바깥에는 사진처럼 영국의 국회의사당과 런던을 상징하는 큰 시계탑인 빅벤이 보이는데, 나는 저걸 싹 사라지게 하는 마술을 생각하고 있어. 공연장과 빅벤으로 만들어지는 삼각형의 넓이가 2808m²라면, 공연장에서 빅벤까지의 거리는 얼마일까?

그러더니 세리는 노트를 꺼내서 계산하기 시작했다.

"공연장하고 빅벤의 아래쪽 끝과 위쪽 끝을 이으면 직각삼각형이 만들어지는데, 넓이가 2808m²이면······."

세리는 인터넷으로 빅벤의 높이를 찾아보았다. 빅벤의 높이는 96m였다.

"삼각형의 넓이를 구하려면 밑변에 높이를 곱한 다음 반으로 나누면 되는 거잖아? 공연장에서 빅벤까지의 거리를 x라고 하고, 여기

각도와 비례를 알면 나도 마술사

서 96을 2로 나누면 48이니까……."

세리는 이메일로 마지선에게 답장을 썼다.

2808을 48로 나누면 58.5니까 공연장에서 빅벤까지의 거리는 58.5m예요. 맞죠, 언니? 이제 이런 수학 문제는 안 내도 된다니까요! 저 이제 수학과 과학을 싫어하지 않아요!

155

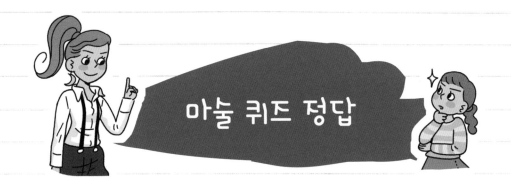

마술 퀴즈 정답

퀴즈 ① 1.8g

　지폐의 왼쪽과 오른쪽에 있는 동전의 무게가 각각 1.4g, 2.1g 일 때, $1.4 \times x = 2.1 \times y$라는 식을 만들 수 있습니다. 이 식은 $2 \times x = 3 \times y$처럼 간단하게 바꿀 수 있습니다. 이 식이 성립하기 위해서는 x가 3, y가 2일 때 등호 양쪽이 모두 6이 되어 똑같아지겠죠? 즉, 왼쪽과 오른쪽의 거리 비율은 3 : 2가 됩니다.

　이 퀴즈는 거리의 비율을 아는 상태에서 동전의 무게를 구하는 문제입니다. 왼쪽 동전과 오른쪽 동전의 무게를 각각 a, b라고 한다면, $a \times 3 = b \times 2$라는 식을 만들 수 있습니다. 그리고 우리는 왼쪽 동전의 무게가 1.2g이라는 것을 알고 있습니다. 그래서 식은

각도와 비례를 알면 나도 마술사

1.2×3＝b×2로 나타낼 수 있습니다. 따라서, b의 무게는 1.2와 3을 곱한 값인 3.6을 2로 나눈 1.8g이 됩니다.

퀴즈 ② 구름

땅(지표면)에서 열을 받아 가벼워진 공기와 수증기는 위로 올라갑니다. 부피는 점점 커지고 온도는 점점 낮아져 작은 물방울이나 얼음 알갱이가 됩니다. 이러한 물방울이나 얼음 알갱이는 너무나 작고 가볍기 때문에 땅으로 떨어지지 않고 하늘에 둥둥 떠 있는데, 이것을 구름이라고 합니다.

퀴즈 ③ 45°

두 거울 사이의 각도와 상의 관계를 생각해 봅시다.

120° ＝ 상 2개 + 실제 물체 1개 ＝ 총 3개

90° ＝ 상 3개 + 실제 물체 1개 ＝ 총 4개

60° ＝ 상 5개 + 실제 물체 1개 ＝ 총 6개

⋮

157

두 거울에 상이 맺히는 모습과 실제 물체가 놓인 공간의 각도를 모두 합쳐 보면 360°처럼 보입니다. 이는 두 거울이 서로 빛을 여러 번 반사하기 때문입니다.

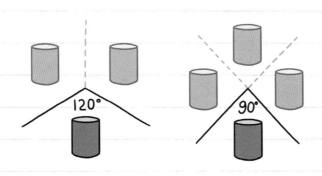

즉, 360°를 두 거울 사이의 각도로 나누면 눈에 보이는 물체의 개수가 되고, 여기서 실제 물체를 빼면 거울에 맺힌 상의 수를 알 수 있습니다.

따라서 거울에 맺힌 상이 7개가 되는 각도는 다음 식을 통해 구할 수 있습니다.

$$360 \div (7+1) = 360 \div 8 = 45$$

즉, 두 거울을 서로 45°로 놓았을 때 눈에 보이는 물체의 수는 모두 8개이며, 실제 물체 1개를 제외한 상의 개수는 7개가 됩니다.

각도와 비례를 알면 나도 마술사

퀴즈 ④   과열

　액체가 끓는점 이상으로 뜨거워졌는데도 끓지 않는 것을 '과열'이라고 합니다. 예를 들어, 물에는 산소와 같은 기체가 어느 정도 녹아 있는데, 한번 물을 끓였다가 식히면 물에 녹아 있는 공기는 거의 없어집니다. 이러한 물을 깨끗한 유리 비커에 넣고 서서히 끓이면 100℃가 넘어가도 끓지 않는 과열 현상이 나타납니다. 과냉각된 액체에 충격을 주면 불안정한 상태가 깨지고 얼어붙는 것과 마찬가지로 과열된 액체에 조그마한 물체가 떨어지는 등의 충격을 주면 불안정한 상태가 깨져 갑자기 거품이 확 끓어오르는 현상을 볼 수 있습니다. 이를 '돌비 현상'이라고 합니다.

퀴즈 ⑤   양력

　공기 속에 있는 모든 물체는 주위의 모든 방향으로부터 공기의 압력을 받습니다. 그래서 물체가 어떤 방향으로 움직이면 공기는 물체의 표면을 따라서 흐르는 모양이 됩니다. 이때 물체의 위아래 표면을 흐르는 공기의 속도에 차이가 있으면 물체의 위아래에 작용하는 공기의 압력에 차이가 생깁니다. 비행기 날개의 구조는 위

159

로 흐르는 공기의 속도가 아래쪽보다 빠르도록 되어 있습니다. 그러면 공기가 빠르게 흐르는 쪽의 압력이 느리게 흐르는 쪽의 압력보다 더 낮아지고, 압력이 높은 쪽(비행기 날개 아래쪽)에서 압력이 낮은 쪽(비행기 날개 위쪽)으로 밀어올리는 힘인 양력이 생겨 비행기가 하늘에 뜰 수 있습니다.

퀴즈 6   175000cm³

첫 번째 직육면체의 부피는 $130 \times 35 \times 25 = 113750$cm³이고,
두 번째 직육면체의 부피는 $35 \times 25 \times 70 = 61250$cm³이므로
기역 자 모양 상자의 부피는 $113750 + 61250 = 175000$cm³가
됩니다.

퀴즈 7

소독에 쓰이는 알코올, 더 정확히 에탄올은 세균을 둘러싼 막을 뚫고 들어가 그 안에 있는 단백질을 굳혀서 세균을 죽입니다. 그런데 에탄올의 농도가 너무 높으면 세균을 둘러싼 막 안으로 충분한

각도와 비례를 알면 나도 마술사

양의 에탄올이 들어가기 전에 막의 바로 아랫부분에 있는 단백질을 단단히 굳혀 버립니다. 그러면 세균의 막이 단단해져서 에탄올이 충분히 세균 속으로 들어가지 못해 세균을 죽이는 능력이 떨어집니다. 그래서 에탄올에 물을 타서 농도를 떨어뜨리면 오히려 더 살균이 잘되는데, 70~75% 정도의 농도에서 가장 살균 능력이 좋습니다.

마늘 퀴즈 덩답

융합인재교육(STEAM)이란?

수학·과학 교육의 새로운 패러다임

"지구는 둥근 모양이야!"라고 말한다면 배운 것을 잘 이야기할 수 있는 학생입니다.

"지구가 둥글다는 것을 어떻게 알게 되었나요?"라고 질문한다면, 그리고 그 답을 스스로 생각해 보고 궁금증에 대한 흥미를 느낀다면 생활 주변에서 배우고 성장할 수 있는 학생입니다.

미래 사회는 감성과 창의성으로 학문의 경계를 넘나드는 융합형 인재를 필요로 합니다. 단순히 지식을 주입하는 데 그치지 않고 '왜?'라고 스스로 묻고 찾아볼 수 있어야 합니다.

미국, 영국, 일본, 핀란드를 비롯해 여러 선진국에서 수학과 과학

각도와 비례를 알면 나도 마술사

의 융합 교육에 힘쓰고 있습니다. 우리나라에서도 창의 융합형 과학기술 인재 양성을 위해 교육부에서 융합인재교육(STEAM) 정책을 추진하고 있습니다.

융합인재교육은 과학(Science), 기술(Technology), 공학(Engineering), 예술(Arts), 수학(Mathematics)을 실생활에서 자연스럽게 융합하도록 가르칩니다.

'수학으로 통하는 과학' 시리즈는 융합인재교육 정책에 맞춰, 학생들이 수학과 과학에 대해 흥미를 갖고 능동적으로 참여하며 스스로 문제를 정의하고 해결할 수 있도록 도와주고 있습니다.

스스로 깨치는 교육! 수학과 과학에 대한 흥미와 이해를 높여 예술 등 타 분야와 연계하고, 이를 실생활에서 직접 활용할 수 있도록 하는 것이 진정으로 살아 있는 교육일 것입니다.

18 수학으로 통하는 과학

각도와 비례를 알면 나도 마술사

ⓒ 황덕창, 2020

초판 1쇄 인쇄일 2020년 9월 18일
초판 1쇄 발행일 2020년 9월 25일

지은이 황덕창
그린이 유영근
펴낸이 정은영
편집 문진아, 정사라, 김정택 **디자인** 용석재, 김혜원
제작 홍동근 **마케팅** 이재욱, 최금순, 오세미, 김하은

펴낸곳 ㈜자음과모음
출판등록 2001년 11월 28일 제2001-000259호
주소 04047 서울시 마포구 양화로6길 49
전화 편집부 (02)324-2347, 경영지원부 (02)325-6047
팩스 편집부 (02)324-2348, 경영지원부 (02)2648-1311
이메일 jamoteen@jamobook.com
블로그 blog.naver.com/jamogenius

ISBN 978-89-544-4484-2(44400)
        978-89-544-2826-2(set)

이 도서의 국립중앙도서관 출판시도서목록(CIP)은 서지정보유통지원시스템
홈페이지(http://seoji.nl.go.kr)와 국가자료공동목록시스템(http://www.nl.go.kr/kolisnet)에서
이용하실 수 있습니다.(CIP제어번호: CIP2020036470)